我国城市经济发展对
环境空气质量的影响研究

马素琳　著

北京大学出版社
PEKING UNIVERSITY PRESS

内 容 简 介

本书以我国省会城市及直辖市为例,研究城市经济发展的异质性对环境空气质量的影响,主要基于城市经济发展在城市规模、城市集聚、城市结构和城市空间四个方面存在的异质性,从全国总体和分区域两个层面分析城市经济发展对环境空气质量的影响,并按照城市规模、城市集聚、城市结构和城市空间特征的异质性对研究对象进行分组回归,深入探讨了城市经济发展的异质性对环境空气质量的影响情况。

图书在版编目(CIP)数据

我国城市经济发展对环境空气质量的影响研究 / 马素琳著 . —北京:北京大学出版社,2023.7

ISBN 978-7-301-34144-5

Ⅰ.①我… Ⅱ.①马… Ⅲ.①城市经济 – 经济发展 – 影响 – 环境空气质量 – 研究 – 中国 Ⅳ.① X831

中国国家版本馆 CIP 数据核字 (2023) 第 114091 号

书　　　名	我国城市经济发展对环境空气质量的影响研究
	WOGUO CHENGSHI JINGJI FAZHAN DUI HUANJING KONGQI ZHILIANG DE YINGXIANG YANJIU
著作责任者	马素琳　著
策 划 编 辑	李娉婷
责 任 编 辑	李娉婷　陶鹏旭
标 准 书 号	ISBN 978-7-301-34144-5
出 版 发 行	北京大学出版社
地　　　址	北京市海淀区成府路 205 号 100871
网　　　址	http://www.pup.cn 新浪微博:@ 北京大学出版社
电 子 信 箱	pup_6@163.com
电　　　话	邮购部 010-62752015 发行部 010-62750672 编辑部 010-62750667
印 刷 者	北京宏伟双华印刷有限公司
经 销 者	新华书店
	730 毫米 × 1020 毫米　16 开本　11.25 印张　148 千字
	2023 年 7 月第 1 版　　2023 年 7 月第 1 次印刷
定　　　价	68.00 元

前　言

随着城市化进程的推进，城市经济发展与环境之间的协调关系成为人们关注的焦点。伴随城市规模的不断扩张，人口和产业持续向城市集聚，城市人口结构、产业结构和空间结构都在不断发生着改变，城市空间范围也在不断扩展。同时，我国的环境空气质量问题也日渐凸显，大部分省会城市、直辖市（为方便叙述，本书后文统称省会城市）的环境空气质量达标天数比例较低，空气污染造成的健康损失和经济损失仍居高不下。城市经济发展所带来的环境污染问题在省会城市尤为突出，城市环境经济问题已成为我国政策的关注点之一。

学者们已经做了很多对城市经济与环境质量协调发展的研究，以环境库兹涅茨曲线（Environmental Kuznets Curve，EKC）为基础，学者们对不同国家、不同城市在不同时间段上的环境质量与经济发展关系进行了分析，用以验证 EKC 理论的"倒 U 形"假说的存在性，但环境质量与经济发展的关系是复杂的，学者们并没有得出一致的结论。就我国目前的研究现状而言，系统研究城市经济发展在规模、集聚、结构和空间等因素上的异质性对环境质量影响的学者并不多。然而，理论分析结果和现实情况都告诉我们，除了城市规模和城市集聚因素外，城市结构和城市空间因素对环境质量也是有影响的；并且，由于城市经济发展在规模、集聚、结构和空间等因素上存在异质性，因此，不同的城市其经济发展对城市环境质量会产生不同的影响。

本书以环境空气质量为例，以省会城市为研究对象，在 EKC 理论的基础上开展了城市经济发展的异质性对环境空气质量的影响研究。首先，本书对城市经济发展的规模、集聚、结构和空间四个异质性因素的概念进行了解释，并在总体层面和分区域层面分别分析了四个异质性因素对环境空气质量的影响情况。其次，本书分别对城市规模、城市集聚、城市结构和城市空间四个异质性因素对环境空气质量的影响进行了理论分析，并在EKC 理论的基础上分别建立合适的模型对全国城市总体进行实证检验。最后，本书在全国城市总体分析的基础上，分别按不同规模、不同集聚、不同结构和不同空间等异质性因素对省会城市进行分组，并分别对分组城市进行回归分析，以观察省会城市的经济发展存在异质性时会对环境空气质量产生什么样的影响。

本书的研究结论主要体现在以下几个方面。

第一，不论是从总体来看还是分区域来看，城市经济发展对环境空气质量的影响均为动态效应，且规模、集聚、结构和空间四个因素确实对EKC 的形状和拐点产生着显著的影响。这说明从动态的角度去研究城市经济发展对环境空气质量的影响，比从静态的角度研究其影响更为贴合现实情况；并且，将其影响因素分为规模因素、集聚因素、结构因素和空间因素来研究，可以让我们更清晰地看到城市经济发展的这四个因素分别对环境空气质量的影响情况，这为城市决策者制定环境经济政策提供了更为详细的依据。

第二，除了个别变量外，城市规模和城市集聚因素对环境空气质量均有显著的影响，但按照不同规模和不同集聚度分组后的回归结果却与总体回归结果之间出现差异，这说明城市在规模和集聚方面的异质性在一定程度上影响着城市经济发展对环境空气质量的作用方向及程度。也就是说，各个城市因其经济规模、人口规模、绿化规模、用地规模乃至资本规模的大小不同，会对城市环境空气质量产生不同的影响。

第三，从城市结构和空间因素来看，城市结构因素中的各个变量对环境空气质量的影响均很显著，但空间因素中只有居住空间和绿地空间对环境空气质量有显著影响。从城市不同结构和不同空间的分组回归结果中可以看到，各分组城市由于在城市结构和空间方面存在异质性，导致分组城市经济发展对环境空气质量的影响有别于总体城市经济发展对环境空气质量的影响情况。

第四，在理论和实证分析的基础上，本书认为城市经济发展对环境空气质量的影响是由多方面因素造成的，不应将其局限于单纯地研究经济增长和环境质量关系的研究范式中。从本书的研究结论来看，城市规模、城市集聚、城市结构和城市空间等因素对环境空气质量有着不同程度的影响，应将这些综合因素纳入城市经济与环境质量关系的 EKC 模型分析框架中来。

基于以上研究结论，本书针对城市的规模扩张、人口集聚与产业集聚、环保投资结构、产业结构升级，以及各个功能区域在空间上的合理分布等方面提出了相应的政策建议，认为省会城市作为各省的政治、经济、文化中心，应当注重城市规模的适度扩张和城市空间的合理布局，使城市规模扩张与城市环境发展相协调；省会城市还应该稳步地推进人口和产业在城市的集中，避免污染密集型产业在城市快速、高度地集中，进而避免城市的环境承载能力超负荷运行；在城市环保投资资金的合理化运用和促进城市产业结构升级等方面，政府也应该起到引导和统筹管理的积极作用，以实现城市经济与环境空气质量的协调发展。

马素琳

2023 年 5 月

目　　录

第一章　绪论 …………………………………………………………… 1

　1.1　研究背景 ………………………………………………………… 1

　1.2　研究意义 ………………………………………………………… 3

　　1.2.1　理论意义 …………………………………………………… 3

　　1.2.2　实践意义 …………………………………………………… 5

　1.3　研究内容、思路与框架 ………………………………………… 6

　　1.3.1　研究内容 …………………………………………………… 6

　　1.3.2　研究思路 …………………………………………………… 6

　　1.3.3　研究框架 …………………………………………………… 7

　1.4　研究方法 ………………………………………………………… 9

　1.5　可能存在的创新点 ……………………………………………… 10

第二章　文献综述 ……………………………………………………… 12

　2.1　经济增长与环境关系的研究 …………………………………… 12

　2.2　城市规模与环境关系的研究 …………………………………… 14

　2.3　城市集聚与环境关系的研究 …………………………………… 16

　2.4　城市结构与环境关系的研究 …………………………………… 17

　2.5　城市空间与环境关系的研究 …………………………………… 19

第三章　相关概念与理论基础 ………………………………………… 21

　3.1　相关概念界定 …………………………………………………… 21

　　3.1.1　城市规模的概念与内涵 …………………………………… 22

　　3.1.2　城市集聚的概念与内涵 …………………………………… 24

　　3.1.3　城市结构的概念与内涵 …………………………………… 26

　　　3.1.4　城市空间的概念与内涵 ……………………………… 29

　　　3.1.5　城市经济发展异质性的内涵 …………………………… 30

　3.2　理论基础 ……………………………………………………… 31

　　　3.2.1　规模经济理论 …………………………………………… 31

　　　3.2.2　集聚经济理论 …………………………………………… 33

　　　3.2.3　城市结构理论 …………………………………………… 34

　　　3.2.4　城市空间理论 …………………………………………… 35

　　　3.2.5　外部性理论 ……………………………………………… 36

第四章　城市经济发展的异质性对环境空气质量的影响机理 ……… 38

　4.1　城市经济发展与环境空气质量关系的存在性检验 …………… 38

　　　4.1.1　模型设定 ………………………………………………… 38

　　　4.1.2　数据来源与变量说明 …………………………………… 40

　　　4.1.3　EKC模型的存在性检验 ………………………………… 43

　4.2　城市经济发展的异质性因素分解 ……………………………… 48

　4.3　城市经济发展的异质性对环境空气质量的影响机制 ………… 50

　4.4　本章小结 ……………………………………………………… 61

第五章　城市规模对环境空气质量的影响 …………………………… 63

　5.1　城市规模的发展现状 ………………………………………… 64

　5.2　城市规模对环境空气质量影响的理论分析 …………………… 67

　　　5.2.1　经济规模对环境空气质量的影响 ……………………… 67

　　　5.2.2　人口规模对环境空气质量的影响 ……………………… 69

　　　5.2.3　绿化规模对环境空气质量的影响 ……………………… 70

　　　5.2.4　用地规模对环境空气质量的影响 ……………………… 71

　　　5.2.5　资本规模对环境空气质量的影响 ……………………… 71

　5.3　城市规模与环境空气质量关系模型的建立与拓展 …………… 72

　5.4　变量选取与数据处理 ………………………………………… 74

　　　5.4.1　经济规模 ………………………………………………… 74

　　　　5.4.2　人口规模 ·· 75

　　　　5.4.3　绿化规模 ·· 75

　　　　5.4.4　用地规模 ·· 75

　　　　5.4.5　资本规模 ·· 76

　　5.5　实证结果及其分析 ··· 77

　　　　5.5.1　总体动态GMM回归 ······························ 77

　　　　5.5.2　城市分不同规模的动态GMM回归 ·············· 80

　　5.6　本章小结 ··· 84

第六章　城市集聚对环境空气质量的影响 ····················· 87

　　6.1　城市集聚的发展现状 ··· 87

　　6.2　城市集聚对环境空气质量影响的理论分析 ················· 91

　　　　6.2.1　经济集聚对环境空气质量的影响 ················· 91

　　　　6.2.2　人口集聚对环境空气质量的影响 ················· 92

　　　　6.2.3　资本集聚对环境空气质量的影响 ················· 92

　　　　6.2.4　产业集聚对环境空气质量的影响 ················· 93

　　6.3　城市集聚与环境空气质量关系模型的建立与拓展 ·········· 94

　　6.4　变量选取与数据处理 ··· 95

　　　　6.4.1　经济集聚度 ·· 95

　　　　6.4.2　人口集聚度 ·· 95

　　　　6.4.3　资本集聚度 ·· 96

　　　　6.4.4　产业集聚度 ·· 96

　　6.5　实证结果及其分析 ··· 97

　　　　6.5.1　总体动态GMM回归 ······························ 97

　　　　6.5.2　城市分不同集聚的动态GMM回归 ·············· 100

　　6.6　本章小结 ··· 103

第七章　城市结构对环境空气质量的影响 ····················· 105

　　7.1　城市结构的发展现状 ··· 105

7.2　城市结构对环境空气质量影响的理论分析 ·············· 110

　　7.2.1　人口结构对环境空气质量的影响 ·············· 110

　　7.2.2　空间结构对环境空气质量的影响 ·············· 111

　　7.2.3　产业结构对环境空气质量的影响 ·············· 112

　　7.2.4　投资结构对环境空气质量的影响 ·············· 112

7.3　城市结构与环境空气质量关系模型的建立与拓展 ········· 113

7.4　变量选取与数据处理 ····························· 116

　　7.4.1　人口结构 ······························ 116

　　7.4.2　空间结构 ······························ 117

　　7.4.3　产业结构 ······························ 117

　　7.4.4　投资结构 ······························ 118

7.5　实证结果及其分析 ····························· 119

7.6　本章小结 ································· 126

第八章　城市空间对环境空气质量的影响 ················· 128

8.1　城市空间的发展现状 ····························· 128

8.2　城市空间对环境空气质量影响的理论分析 ·············· 132

　　8.2.1　总体空间对环境空气质量的影响 ·············· 132

　　8.2.2　居住空间对环境空气质量的影响 ·············· 135

　　8.2.3　绿地空间对环境空气质量的影响 ·············· 136

　　8.2.4　道路空间对环境空气质量的影响 ·············· 137

8.3　城市空间与环境空气质量关系模型的建立与拓展 ········· 139

8.4　变量选取与数据处理 ····························· 142

　　8.4.1　总体空间 ······························ 142

　　8.4.2　居住空间 ······························ 142

　　8.4.3　绿地空间 ······························ 143

　　8.4.4　道路空间 ······························ 143

8.5　实证结果及其分析 ····························· 144

8.6　本章小结 ·· 152

第九章　研究结论及政策建议 ·································· 154

9.1　主要结论 ·· 154

9.2　政策建议 ·· 156

9.2.1　实现城市规模的适度扩张和城市空间的合理布局 ········· 157

9.2.2　实现人口集聚和产业集聚的稳步推进 ················· 157

9.2.3　实现城市环保投资资金的合理化运用 ················· 158

9.2.4　积极促进产业结构升级 ···························· 159

9.2.5　在城市环境保护方面政府应当发挥积极作用 ··········· 159

9.3　研究展望 ·· 160

参考文献 ·· 162

第一章 绪 论

1.1 研究背景

近年来，伴随我国城镇化率的快速提升，城市大气污染问题越来越严峻。国家统计局公布的数据显示，2017 年年末全国总人口 139008 万人，较 2016 年年末增加 737 万人，其中城镇常住人口 81347 万人，占总人口的 58.52%，较 2016 年年末提高 1.17 个百分点。也就是说，2017 年我国的常住人口城镇化率为 58.52%，我国超过一半的人口居住在城市，城市中人口规模不断增大。然而，城市中大气、河流等环境资源的人均占有量和地均占有量都比较少，这使得城市的环境承载压力随着城市人口的增加和城市人口密度的升高而加重。同时，人口在城市的集中使得与生产和生活相关的各类活动也在城市不断集中，又由于我国大部分企业的粗放型生产模式和部分地方政府追求高国内生产总值（Gross Domestic Product，GDP）的利益驱动，使得集中在城市的生产企业不乏高污染、高耗能、高排放企业。因此，雾霾、灰霾等不良天气现象不断出现在我国大部分城市，大气污染问题日益突出。

据《2017 年中国生态环境状况公报》显示，2017 年全国 338 个地级及以上城市中，有 239 个城市环境空气质量超标，占 70.7%。2014 年，全国 31 个省区市中，SO_2、NO_x、一次 $PM_{2.5}$ 等三项污染物平均超载率分别为 150%、180% 和 210%；与发达国家经济发展水平类似的历史同期相比，我国空气中 PM_{10}、SO_2、NO_2 浓度相当于美国、德国历史同期两倍多，煤炭消费强度是美国当年的 5 倍。根据《环境空气质量标准》（GB 3095—2012）评价，2018 年 5 月，全国 338 个地级及以上城市平均空气质量未达标天数比例为 17%，其中，中度和重度及以上污染天数比例之和为 1.9%；中国生态环境部环境监测总站对 74 个重点城市的监测结果显示，2018 年 5 月，74 个城市中仍有 40 个城市达标天数比例在 80% 以下。

持续的雾霾天气已经给居民的健康造成了很大的影响。世界卫生组织（World Health Organization，WHO）估计，每年全球因空气污染而导致过早死亡的人数有 300 万，其中因城市空气污染而死亡的人数占 1/3。世界银行基于支付意愿调查估算 ①，2003 年中国大气污染造成的健康损失占国内生产总值的 3.8%。据报道，2004 年，空气污染共造成我国近 35.8 万人死亡，约 64 万人因患呼吸或循环系统疾病住院，约 25.6 万人新发慢性支气管炎，共导致 1527.4 亿元的经济损失。世界银行公布，2007 年，中国空气和水污染损失相当于中国国内生产总值的 5.8%。2009 年，上海市霾污染造成的健康危害经济损失为 72.48 亿元，约占当年国内生产总值的 0.49%。周小川等所著的研究报告《危险的呼吸》结论显示，2010 年北京、上海、广州、西安因 $PM_{2.5}$ 污染造成的经济损失分别为 18.6 亿元、23.7 亿元、13.6 亿元、5.8 亿元，共计 61.7 亿元；而且这里面没有包括治疗费用、正常工作和学习的收入等损失，只包含了 $PM_{2.5}$ 污染带来的早死导致的经济损失。2013 年我国因 $PM_{2.5}$ 重污染带来的过早死亡总数达 65355 例，相应的健康损失为 281 亿元。

当前，我国部分区域空气污染仍然严重，但在"十三五"期间，全国生态环境质量总体改善。为了进一步实现"双碳"目标，2021 年年底中共中央、国务院印发了《关于深入打好污染防治攻坚战的意见》并提出了"深入打好蓝天保卫战"的目标。"十四五"时期，我国生态文明建设进入了以降碳为重点战略方向、推动减污降碳协同增效、促进经济社会发展全面绿色转型、实现生态环境质量改善由量变到质变的关键时期。《"十四五"节能减排综合工作方案》指出，要持续推进大气污染防治重点区域秋冬季攻坚行动，加大重点行业结构调整和污染治理力度。以大

---

① 世界银行运用"条件价值评估"方法，在上海和重庆估算了"统计生命价值"，即人们为了在下一年度减少单位死亡风险所愿意支付的价值。在此基础上，根据所得到的因户外空气污染而造成的死亡率、慢性支气管疾病发病率、直接和间接就医成本，估算由大气污染所造成的健康损失的货币价值。

气污染防治重点区域及珠三角地区、成渝地区等为重点，推进挥发性有机物和氮氧化物协同减排，加强细颗粒物和臭氧协同控制。这就要求作为全国经济发展先锋的省会城市，在发展城市经济的同时注重城市人口、资源与环境的协调发展，追求绿色的生产方式和生活方式，努力提高城市各项活动的低碳水平和能源资源的开发利用效率，有效地控制能源和水资源的消耗，控制城市的建设用地，努力控制并减少碳排放总量，从而实现能源消费强度和总量双控以及主要污染物排放总量控制的目标。因此，在这样的历史时期，研究城市经济发展对环境空气质量的影响情况是有重要意义的。

1.2 研 究 意 义

随着我国城市经济的发展，大城市尤其是特大城市不断涌现，城市环境承载的压力日渐增加，这使得城市环境问题日益凸显，尤其是近年来雾霾天气的增多，将城市空气质量问题推向公众关注的视野。如何在积极发展城市经济的同时，也能使空气质量得到改善，成为学者和政策制定者们关注的热点。

1.2.1 理论意义

本书主要是在研究方法和研究内容方面深化了城市经济发展与环境之间关系的研究，表现在以下几点。

第一，充实了 EKC 实证研究的内容。自 EKC 假说提出以来，学者们利用不同国家、不同城市、不同时期的数据对 EKC 的形状、拐点，以及其所代表的经济含义进行了非常多的实证检验，但结果表明，经济与环境的关系不只呈现为"倒 U 形"，要考察经济与环境的关系，还需要考虑其他诸多因素的影响。因此，本研究在 EKC 基础之上，加入其他影响环境的因素来阐明城市经济发展对城市空气质量的影响机制，并按照城市在规模、集聚、结构与空间等方面存在的异质性，对城市进行分组实证检验，研究各城市在这四个方面的异质性对空气质量的影响差异，有利于深化 EKC 理论的实证研究。

第二，丰富了 EKC 的表达形式。学者们大都使用如 TSP、SO_2、NO_2、PM_{10}、$PM_{2.5}$ 等表示大气污染物浓度的负向指标来描述 EKC，但其实也可以利用空气质量达标天数这一正向指标来分析经济与环境的关系，这在以往的研究中已经有所涉及。在 EKC 中，经济发展对环境的作用通过"环境压力"来表示，因此，EKC 的"倒 U 形假说"指的是经济发展首先加大了对环境的压力，随着经济发展中第三产业比重的上升和清洁生产能力的提高，经济对环境的压力随之减小。但如果我们用空气质量达标天数来表示经济与环境的关系时，EKC"倒 U 形"就对应为"U 形"，即经济增长加大了环境压力时，对应的是经济增长恶化了环境质量，前者在数量上表现为同向变动（经济的"增长"与环境压力的"增加"），后者表现出数量上的反向变动（经济的"增长"与环境质量的"恶化"）；经济衰退时亦然。也就是说，本书的研究通过运用"质量"指标，而非"污染"指标，使得 EKC 有了新的表达形式。

第三，动态地考察了城市经济发展与环境空气质量的关系。本书利用动态面板数据，使用广义矩估计（Generalized Method of Moments, GMM）方法对城市空气质量进行动态分析，比时间序列数据模型、静态面板数据模型等分析方法更符合现实。通过对空气质量数据做时序图可发现，空气质量的达标情况会受到前一期空气质量达标情况的影响。也就是说，空气质量达标天数在时间上具有动态效应。这也符合我们的常识，即空气质量的好与坏在某一时间段内是有延续性的，空气质量有可能在一段时期内比较好，但在另一段时期内却不太乐观。因此，在本书研究的模型分析中，引入空气质量达标天数的滞后项，能够对空气质量的达标情况做完整的描述，这比以往只从静态角度去考察环境与经济关系的研究更符合现实情况。

第四，综合地考虑了城市经济发展的异质性因素对环境空气质量的影响及其存在的差异。以往的学者们在研究城市经济的可持续发展问题时，大多以环境承载能力的最优城市规模、产业集聚对环境污染的影响等为研究内容，或者只就城市结构问题和城市空间形态问题进行研究，鲜有学者将城市经济发展的规模、集聚、结构和空间四个方面综合起来考虑城市经济与环境的关系。本书综合这四个方面，以空气质量为例，来剖析城市经济发展对环境质量的影响机理，并对城市经济发展对环境空气质量的影响分别从四个方面进行实证检验，以观察规模、集聚、结构和空间四个异质性因素对环境空气质量的影响是否存在差异性。

1.2.2 实践意义

本书的研究的实践意义主要体现在两个方面。

第一，针对区域或者城市群来说，本书的研究可以为我国各城市乃至各区域间对有关大气污染防治的环境保护政策的合作实施提供理论参考。我们国家在大气污染治理方面鼓励各区域实施"联防联控"的措施，本书的研究可以为这种区域间或者城市间的合作提供更为明确的实现途径，即各区域或者各城市不仅要根据各自的城市规模乃至区域规模来确定自身的空气污染防治战略，而且要根据各自在城市集聚、城市结构和城市空间等方面的差异制订合理的城市和区域间合作的模式，使得各个城市和区域发挥各自最大的环境保护功能，从而在整体上提升我国的空气质量水平。

第二，针对各个省会城市而言，本书的研究结论可以为在规模、集聚、结构和空间等方面存在异质性的不同城市的环境保护工作提供政策依据。本书的研究表明，各城市空气质量的改善不仅和城市规模有关，还与城市集聚度、城市结构和城市空间等因素有关，因而，各省会城市在制订具体的环境保护措施时，必须正确认识自身在规模、集聚、结构和空间等方面所具有的特点，因地制宜地实施环境保护措施，从而达到使用最少的资源实现城市空气质量最大程度改善的目的。

1.3 研究内容、思路与框架

1.3.1 研究内容

本书的研究基于 EKC 假说、城市经济学和区域经济学理论，运用面板数据的静态和动态研究方法对城市经济发展对环境空气质量的影响进行深入剖析，结合当前城市发展现状，对城市经济发展的主要方面进行了深层次探究，针对当前城市大气污染比较严重的情势，揭示城市经济发展对环境空气质量的影响机理，从而为解决我国城市经济发展带来的空气污染问题提供政策建议。

为此，本书从城市经济发展的四个方面——城市规模、城市集聚、城市结构和城市空间，来探讨城市经济发展对环境空气质量的影响情况。具体来讲，本书首先对国内外以往的相关研究做了梳理，为论文的研究奠定了坚实的文献基础；其次，在借鉴以往研究的基础上，选择规模、集聚、结构和空间这四个互相独立又互相影响的方面，从总体上来阐释城市经济发展对空气质量的影响机理；再次，从规模、集聚、结构和空间四个方面分别探讨城市经济发展对空气质量的影响机理，并分别进行全国层面的实证分析，并分别按照不同规模、不同集聚程度、不同结构以及不同空间的城市划分来分组回归，分析城市之间在规模扩张、集聚程度、城市结构以及空间形态上存在异质性时，是否会出现不同于全国层面的回归结果；最后，根据本书的研究结论并结合当下的环境经济政策，针对我国的实际问题提出政策建议。

1.3.2 研究思路

为了深化上述研究内容，本书的具体研究思路如下。

第一，本书从全国总体上探究 EKC 的形状，说明我国省会城市经济增长与环境空气质量的总体关系，并验证"倒 U 形"EKC 假说在总体上是否存在，同时对比 EKC 的静态面板回归估计结果和动态面板回归估计结果的优劣，进而在进行分区域讨论时选择一个合适的回归模型进行检验。

第二，在 EKC 基础之上，本书选择了学者们在研究城市经济问题时最关注的规模、集聚、结构和空间因素，作为城市的异质性特征的四个主要维度，分别将各因素引入 EKC 中来，探究城市的规模、集聚、结构和空间等四个因素对环境空气质量的影响情况，以此来梳理城市经济发展在总体上对环境空气质量的影响机理。

第三，在总体影响机理的基础之上，深入分析城市规模、城市集聚、城市结构和城市空间分别对环境空气质量的影响机理。也就是说，细化城市规模变量从而探究城市规模对环境空气质量的影响机理，细化城市集聚变量从而研究城市集聚对环境空气质量的影响机理，细化城市结构变量从而研究城市结构对环境空气质量的影响机理，细化城市空间变量从而研究城市空间对环境空气质量的影响机理。同时，通过面板数据动态 GMM 的回归方法对各部分机理进行实证检验，观察各项细化的因素是否如本书的预期一样对空气质量起着显著的正向或负向作用。

第四，为了分析省会城市在城市规模、城市集聚、城市结构和城市空间四个方面的异质性是否影响着城市经济发展对环境空气质量的作用，本书对省会城市按照一定的规模、集聚、结构和空间的异质性进行分组，从而来分析城市经济发展的异质性对空气质量产生的不同影响情况，这为我们有针对性地解决不同规模、不同集聚度、不同结构和不同空间分布的城市环境问题提供理论参考。

第五，在以上研究的基础上，从总体和区域、静态和动态、不同城市规模、不同城市集聚度、不同城市结构和不同城市空间等多个层面，总结城市经济发展对环境空气质量的影响情况，并在此基础上有针对性地提出相应的对策建议。

1.3.3 研究框架

编者结合本书的研究内容、研究思路及各章节内容安排，勾画出如

图 1-1 所示的研究框架。总体来说，该框架主要分为以下四个部分。

第一部分，研究基础。本部分包括相关文献综述与理论基础等内容，学者们在经济增长与环境质量关系、城市规模与环境质量关系、城市集聚与环境质量关系以及对城市结构和城市空间等方面的研究为本书提供了研究思路，规模经济理论、集聚经济理论、城市结构理论和城市空间理论等为本书的实证研究提供了坚实的理论基础。以此为研究基础，本书开展了有关城市经济发展对环境空气质量影响的研究，并注意到城市在规模、集聚、结构和空间等方面存在的异质性使这一影响在不同城市有不同表现，因而对此差异化的表现进行了理论和实证的分析。

第二部分，机理分析。根据已有的研究基础和笔者对现实情况的观察，本部分将城市经济发展过程中存在的异质性因素分解为城市规模、城市集聚、城市结构和城市空间四个方面，并就这些因素分别对环境空气质量的影响进行了理论分析和简要的实证分析。这为后文中开展各个异质性因素对环境空气质量影响的实证分析提供了前期的定性分析和理论准备。

第三部分，实证检验。为了验证本书所关注的城市规模、城市集聚、城市结构和城市空间等异质性因素影响着城市经济发展对环境空气质量的作用，本部分分别从这四个方面进行了实证分析。在 EKC 的基础上，以城市经济发展对环境空气质量的影响情况作为背景，将城市的规模、集聚、结构和空间等因素纳入分析模型中，检验各个章节的研究假设是否成立，以观察这些因素是否以及如何对城市经济发展对环境空气质量的影响产生作用。

第四部分，解决问题。本部分根据前文中的理论和实证分析，得出本书的研究结论，根据该结论提出相应的对策建议，针对城市规模、城市集聚、城市结构和城市空间等因素对环境空气质量的不同影响，为相关部门提供可以参考的政策依据。

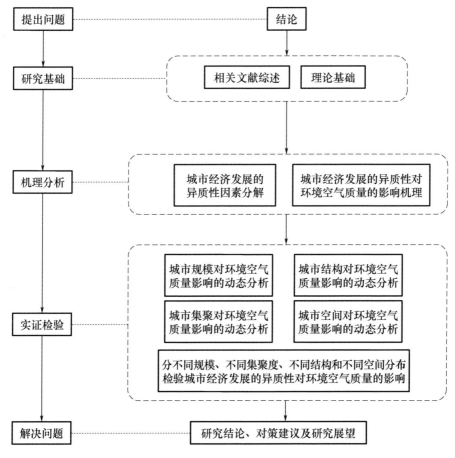

图 1-1 本书的研究框架

1.4 研究方法

根据本书的研究内容，选择两类研究方法作为分析工具。

第一类是比较常用的研究方法，主要有文献分析方法、实证和规范分析方法。第一，本书对有关城市经济发展与环境空气质量关系的研究文献进行了收集，将文献中有借鉴意义的内容进行了归类整理，并在本研究的适当位置进行合理地引用和借鉴，这为本书的研究奠定了基础。第二，在文献研究的基础上，本书根据 EKC 理论建立合理的实证模型，并利用相关数据进行计量分析，依据分析所得出的结论，运用规范分析方法提出相应的对策建议。

第二类是比较有针对性的研究方法，主要有动态面板 GMM 方法、分组分析方法。第一，在对城市经济发展对环境空气质量的影响机理进行定性分析的基础上，本书使用动态面板 GMM 方法在相关章节进行了定量分析。第二，为了分析城市经济发展在规模、集聚、结构和空间的异质性对环境空气质量的影响差异，本书对研究对象进行分组，并对分组城市分别进行回归，以观察这种影响差异的特征。

1.5 可能存在的创新点

本书研究可能存在的创新点有以下几个。

第一，研究视角的综合性。以往学者们在研究城市经济问题时，从规模、集聚、结构和空间等方面分别进行探讨，而本书将城市经济问题的这四个方面综合起来进行分析，使得本书在分析城市经济发展对环境的影响时，能够更综合地考虑城市经济各个方面的发展对环境的影响。同时，为了分析城市在规模、集聚度、结构和空间形态上的差异对环境变量的影响，本书将城市按照不同的规模、集聚、结构和空间变量进行分组，然后对各组变量分别进行回归，以便得到城市经济发展在规模、集聚、结构和空间这四个方面的异质性对环境的影响情况。

第二，指标运用的多样性。空气质量的衡量有多种形式，选择不同的指标会得到不同的回归结果。回顾学者们研究空气污染问题的文献可知，使用 SO_2、NO_2、PM_{10} 等气体的排放浓度以及烟尘、粉尘等的排放量数据作为空气污染指标者甚多，然而这些指标均为负向指标，即它们的值越大代表空气质量越差。本书选择使用"空气质量达到及超过二级的天数"这一指标作为环境空气质量的代理指标，它是一个正向指标，即其值越大代表空气质量越好，相比空气污染指标而言有所改进。相较空气污染物浓度指标和排放量指标而言，空气质量达标天数指标能够综合地反映出空气质量的整体情况。另外，在诸如人口集聚度、产业集聚度等变量中也使用了更为合理的代理指标。

第三，模型建立的灵活性。在 EKC 模型中，学者们一般选取人均产出或者产出总量作为经济变量，但笔者在分析中发现，用经济集聚变量即地均产出作为经济变量来建立 EKC 模型也可以得到比较好的回归结果。事实上，地均产出和人均产出是大同小异的，前者是针对所辖土地面积而言的产出密度，后者是针对所辖人口而言的产出密度。因此，在选择了地均产出作为经济变量构造 EKC 模型时也会如选择人均产出一样能够很好地描述 EKC 的形状。

第四，分组方法的合理性。已有经济文献中的分组分析，一般以东部、中部、西部三大区域的划分方法为依据，或者按东北、东部、中部、西部四大区域来划分，当截面数据比较多时还可以分为八大区域来进行分组分析。本书不仅使用了区域分组分析方法，还按照不同经济规模和人口规模、不同产业集聚度和人口集聚度、不同产业结构和投资结构、不同道路空间和居住空间等指标将城市进行分组，分别来探讨城市规模、城市集聚、城市结构和城市空间的异质性对环境空气质量的影响情况。这种将城市按照不同的属性进行划分的方法，会比单纯地按区域划分的方法更为合理。

第二章 文献综述

本书的研究思路不仅来源于对现实世界的观察，而且更多地来源于学者们对相关问题的已有研究，所以，有必要将这些相关文献所陈述的观点进行归纳和梳理，以便为本书在后文中的理论分析和实证研究提供研究基础。本书认为，学者们在经济增长与环境质量问题方面的研究可以为本书的研究提供广泛的研究背景，而有关城市规模与环境、城市集聚与环境关系的研究则为本书有关规模、集聚方面的研究提供了思路与文献基础，学者们对城市结构与环境关系、城市空间与环境关系的研究虽然不够成熟，但也启发了笔者从城市结构、城市空间这两方面考虑城市经济增长对环境质量的影响。

2.1 经济增长与环境关系的研究

经济发展在不同阶段会对环境造成不同程度的影响，这是我们有目共睹的。20 世纪伦敦的烟雾事件和洛杉矶的光化学烟雾事件，以及 21 世纪我国部分城市持续而严重的大气污染问题，已经让环境质量和经济增长问题成为相关领域学者们研究的热点。

1991 年，美国经济学家格罗斯曼和克鲁格提出了著名的 EKC 的思想，即环境质量与经济增长之间呈倒 U 形关系。格罗斯曼和克鲁格认为是经济发展对环境产生的两种正效应（技术进步效应和结构效应）、一种负效应（规模效应），导致了这一曲线关系。此后，各国的经济学者和环境学者们用不同的数据印证了 EKC 的存在。

综合来看，国外学者对 EKC 的研究结论主要有两种。一种结论认为 EKC 存在。Hamit-Haggar 等学者在分别研究了加拿大和马来西亚经济增长与环境质量的关系后发现，这些国家的环境质量与经济增长呈倒 U 形关系。另一种结论认为 EKC 呈其他形式。Chuku 等学者以一些国家为例，研究了经济增长与环境质量的关系，他们发现尼日利亚等国家的收入与污染物排放之间存在 N 形关系，当然 N 形关系的前半段即为倒 U 形。

国内学者针对我国省级面板数据研究了 EKC 在不同时间段内的形状，众多研究发现城市化是造成环境污染的主要原因，且我国总体的 EKC 形式在不同时间段内用不同指标来表征环境变量时得到的结果不尽相同，有线性、U 形、倒 U 形、N 形、U 形 + 倒 U 形等，分东部、中部、西部区域的回归结果也具有空间差异性。

也有学者专门针对环境空气质量与经济增长之间的关系进行了研究。例如，张喆和王金南等、王敏和黄滢等用空气质量达标天数、AQI 指数、空气质量综合指数、大气污染物浓度和空气污染物的排放量作为环境空气质量的代理指标，通过扩展的 EKC 模型和数据包络分析模型，利用层次分析法和协调度分析方法，研究了不同城市组的环境空气质量随着城市经济增长而发生的变化；这些城市组或以我国省会城市为例，或以 46 个环境保护重点城市为例，或以第一阶段实施新空气质量标准的 74 个城市为例，或以所掌握资料的某个城市或城市组合为研究对象。他们的实证研究结果显示，城市经济发展水平与环境空气质量的关系只是一种表象，真正影响环境空气质量的是城市及其郊区的工业生产排放的污染物。而就目前我国的情况来说，工业化程度和经济增长是同步的。因此，就出现了经济增长与环境空气质量的关系类似于工业化与环境空气质量的关系。他们认为，目前我国大部分城市的经济增长与环境空气质量比较协调；城市环境空气质量有时也取决于某个城市或者城市组合所采取的政策是否更倾向于对环境的保护。有学者研究发现，分别使用污染物的排放量数据和大气中该污染物浓度数据作为环境空气质量的代理指标进行回归，二者得出的结果是截然相反的。这说明，能否选择合适的指标来作为环境空气质量指标的代理变量，对经济增长与环境空气质量的关系有着显著的影响。

综上所述，学者们对 EKC 的研究结果会由于研究对象、研究方法、研究数据以及所选取的变量的不同而出现不同的结果。这说明,在经济增长与环境空气质量关系的研究中,应当针对不同区域、不同时期采取合适的方法才能得到与该区域、该时期相匹配的研究结论,以供城市政策制定者们使用。这些学者们的研究大胆地尝试了各种方法对各种城市组合进行经济增长与环境空气质量关系的研究,这丰富了 EKC 的实证研究,并且也为不同的区域政府部门提供了一定的政策依据。但是,他们的研究结果也显示了 EKC 的局限性,即没有统一的结论能概括环境空气质量与经济增长的关系。并且,在指标选择上,他们发现同一污染物的浓度数据和排放量数据可使研究结果产生巨大差异。这说明,我们在选取环境空气质量指标时应当综合考虑各种因素,从而选取一个合适的指标来度量环境空气质量。本书认为,环境污染物排放量不能很好地代表环境空气质量,因为该指标没有考虑环境对污染物的自净能力。例如一个气象环境和绿化建设都比较优良的城市,虽然其污染物排放量不低,但由于其拥有较好的扩散条件,或许该地区的环境空气质量并不比别的地区差,这也是工业选址要仔细考察的原因之一。环境污染物浓度虽然可以代表环境空气质量,但它是一个实时变化的指标,并不能准确地捕捉城市居民对环境空气质量的感受。因此,本书选择"空气质量达到及超过二级的天数"这一指标作为环境空气质量的代理指标,以便综合地反映城市空气质量状况。

2.2 城市规模与环境关系的研究

对于城市规模与环境关系,国外学者们使用不同国家、不同时期的数据,使用不同的研究方法做了一些相关研究。Orishimo 验证了城市规模与环境质量的相关性,并且认为城市规模的环境外部型取决于城市土地利用的方式、城市交通模式及居民的生活方式。Capello 和 Camagni 指出城市规模与环境质量呈 U 形曲线关系,U 形曲线的最低点便为城市的最优规模。有学者认为城市规模与环境质量呈单调递增的线性关系。也有学者认为城市经济发展改善了产业结构、技术结构,提高了资源利用率,从而对环境质量的改善具有促进作用。Brown 和 Southworth 认为城市化促使环境保护技术得到创新，从而可以减少环境污染气体的排放。Gottdiener 和 Budd 认为城市规模扩张使得能源消费获得规模效益，能源使用效率得到提高，从而改善了环境质量。

在国内，有些学者探讨了城市规模与环境质量的关系。王家庭和高珊珊对我国不同规模等级城市经济发展与环境质量的关系在 EKC 基础上进行了探讨，他们认为不同规模等级的城市在同一时期处于不同的发展阶段，因而在同一时期各城市经济发展对环境质量产生了不同影响。换句话说，城市需要根据各自的特点确定适宜自身发展的城市规模，才能实现城市经济与环境的可持续发展。有学者研究了日本、美国等国家的城市规模与环境质量的关系，发现最大规模城市并不是环境污染最严重的城市，并不是城市规模越大，环境质量就越差。

也有些学者以城市规模扩张为出发点研究城市的动态发展对环境质量的影响。张子龙和逯承鹏等认为城市规模是城市耗散结构系统内部保持动态平衡的结果，城市规模与城市的自然环境息息相关；除了经济发展水平之外，城市规模、产业结构等也对 EKC 的形状产生影响。以牺牲环境为代价的"摊大饼"式的城市规模扩张模式会降低土地利用效率；反过来，如果控制城市用地规模，则可以改善环境质量；城市经济在不同阶段的发展对环境质量的影响也是有差异的。有学者用新兴经济体国家的面板数据探讨了人口规模对城市经济发展与环境质量关系的影响，发现在国家层面上，不同规模国家的经济与环境关系曲线呈不同形状；在城市层面上，不同规模国家的不同规模城市对环境质量的影响也是不同的。也有学者认为不仅城市规模影响着环境质量，反过来城市环境质量对城市规模也有影响。

综上所述，学者们对有关适宜城市环境容量的城市最优规模的研究结论并不一致，各个城市由于其所处的发展阶段、国家规模及自身规模的不同而具有不同的最优城市规模，且由于在所处阶段、国家规模和城市规模方面存在着差异，使得各城市与环境质量的关系也呈现出多样化的特征。除了 EKC 所表达的经济总量或者人均经济总量对环境质量有影响外，其他如城市规模、产业结构等有关城市经济发展的因素同样影响着环境质量。因此，我们在研究城市经济发展与环境问题时，应当打开 EKC 的"黑箱"，来探究经济与环境之所以呈现出或同向变化或反向变化的作用机理。再加上环境质量也会反过来影响城市经济发展，因此，我们更有必要研究二者之间的关系，以便能使城市经济与环境协调发展。

2.3 城市集聚与环境关系的研究

国内外学者关于城市集聚对环境影响的研究从 20 世纪 70 年代开始也从未间断过，他们的研究结论主要形成了 3 种观点。

第一种观点认为，城市集聚对环境有恶化作用。有些学者从城市产业集聚的角度来说明这种恶化作用。Wang 和 Webber 研究了产业集聚与环境承载能力的关系，认为产业集聚程度不能过高，否则，产业集聚的负外部性就会显现，环境承载能力将会下降。De Leeuw 等学者以欧盟的城市为研究对象，实证检验了产业集聚与环境污染的关系，并认为外商直接投资的增加会促进产业集聚度提高，从而会加剧环境污染，这也印证了"污染避难所"假说的观点。有些学者从城市人口集聚对环境质量的影响角度来说明这种恶化作用。城市规模在低人口密度时还不断扩张会导致环境发生恶化。王兴杰和谢高地等研究了 74 个城市的经济增长和人口集聚对城市环境空气质量的影响，他们认为人口密度不断增大是造成城市环境空气质量明显下降的根本原因。

第二种观点认为，城市集聚对环境有改善作用。Porter 认为产业集聚会通过技术进步和竞争效应促使企业更加注重环保，因而改善了环境质量。武俊奎的研究表明，产业集聚会通过提高能源使用率和专业化程度对环境质量起到改善作用，且这种改善作用在东西部地区间存在差异。张可和豆建民认为产业集聚使得城市的活动主体对环境资源的消耗产生规模效应，从而减少环境资源的消耗，并减少了环境污染物排放。陆铭和冯皓的研究表明，人口集聚度和经济集聚度的提高可以减缓污染物排放的强度，从而有利于减轻我国工业生产与环境污染之间的矛盾。

第三种观点认为，城市集聚与环境之间的关系不是固定不变的，二者的影响是相互的，需要具体问题具体分析。张可和汪东芳考察了经济集聚与环境质量的相互作用机制，认为经济集聚和环境质量之间存在双向作用机制，经济集聚恶化了环境质量，环境质量的恶化阻碍了进一步的经济集聚。豆建民和张可研究了特定产业和特定城市组合的产业集聚与环境质量的关系，结论表明产业集聚与环境污染的关系或呈 N 形，或呈倒 U 形，又或者短期内呈单调线性减函数，长期内二者关系不明确。他们还认为外国直接投资水平对二者的关系有所影响，且可以通过加强城市间的空间关联性来缓解污染物排放强度，这个观点正好是我国在现阶段推行大气污染治理区域间联防联控政策的出发点。刘习平和宋德勇的研究表明，只有实现城市的集约化生产，产业集聚，才能有效地改善城市环境状况，且产业集聚对环境中不同污染物排放的影响存在差异；产业集聚给不同规模的城市带来的环境效应也是不同的：一般来说，城市规模越大，产业集聚所带来的环境改善效应就越大；但对于特大型城市来说，产业集聚和人口的过度集中，则会恶化城市环境。

综上所述，城市集聚对环境质量的影响是多样化的，它不仅和城市所处的国家、区域有关，也受到城市的经济发展阶段、生产方式、自身规模及外资水平的制约，再加上城市企业和居民等主体的环保意识的差异，使得各个城市的集聚对环境质量产生不同的影响。可以肯定的一点是，适度的城市集聚可以改善环境质量，其他因素对这种改善作用起到了或加强、或削弱的效果。

2.4　城市结构与环境关系的研究

城市结构包含城市在各个方面的结构因素，因此在有关城市结构与环境关系的研究中，学者们多半只从涉及城市结构因素的一两个方面来探讨与环境的关系。王芳和周兴利用我国省级区域 11 年的面板数据，研究了人口结构因素对大气、水、土壤等环境的影响，发现人口年龄结构与环境污染呈倒 U 形关系，人口城乡结构与环境污染呈 U 形关系，且人口城乡结构对环境污染的影响具有滞后性。人口的年龄结构涉及具有劳动能力的人口所占比例以及具有主流消费能力的人口所占比例，年轻人所占比例较高意味着劳动力供给和消费能力都比较充足，因此低老龄化的城市经济就比较活跃，会释放更多的生产和生活污染物，增加了城市的环境压力。人口的城乡结构代表的是城市化的程度，城镇人口比例越高，城市的工业化程度也相应发展越快，因而释放的环境污染物也就更多，环境质量也就越差。

有学者主张城市的空间结构布局对环境质量也有影响。武俊奎认为企业在城市内部的空间分布状态能够影响城市资源利用效率，企业在城市空间范围内集聚时，不仅能获得如节约城市能源等集聚经济效益，同时也对城市产生如空间拥挤、环境质量恶化等集聚不经济的负外部性。也有学者认为，城市空间的布局是通过交通污染来对环境发生作用的，如张换兆和郝寿义认为紧凑型城市化发展模式对环境质量是有改善作用的，因为低成本、集约化地发展城市经济可以减少通勤距离，从而使居民的交通成本降低、城市的能源消耗减少，从而实现环境质量的改善。郑思齐和霍燚的研究表明，可以通过提高城市居住用地与公共服务用地的匹配程度来减少私有通勤工具释放的移动源污染物，从而改善城市环境质量。也就是说，除了单纯地从城市的紧凑程度这个角度来考虑交通污染，还可以从城市范围内居民住宅与公共设施之间的空间匹配性这个角度来考虑交通污染的变化。从现实情况可知，居民住宅与公共设施之间的空间匹配性越高，城市居民的出行就越便利，城市居民就会更多地选择使用公共交通，从而减少了对能带来更多交通污染的私家车的使用。

学者们对产业结构与环境质量关系的研究也是比较丰富的。周璇的研究发现，我国产业竞争力较强的工业行业的发展是造成环境污染的主要原因。闫兰玲认为杭州市的产业结构虽然实现了与经济及环境的协调发展，但部分产业仍是环境污染物的主要来源。许正松和孔凡斌的研究表明，工业尤其是重工业比例越高，环境污染越严重，而第三产业对环境污染的作用并不显著。韩楠和于维洋的研究表明，长期来看，产业结构与环境质量之间存在动态均衡，主导产业在三次产业间进行调整时会对环境质量产生不同的影响，其中第二产业所占比例的增加会显著地恶化环境质量。

学者们也进行了投资结构对环境质量影响的研究。黄清子和张立等分析了丝绸之路经济带9省市8年的环保投资总额及投资分项的环境效应，发现丝绸之路经济带的环保投资有助于降低污染排放，9省市的环保投资效应具有较大差异。郑志侠和翟亚男等的研究表明，政府环保力度的增加会带动企业加大环保力度，并且，不论是企业还是政府，其环境污染治理效率均受到环保投资比重的影响；另外，不仅国内政府和企业的环保投资影响着环境质量，外商投资也对环境质量起着不小的作用，且这种作用表现为负向的。

综上所述，城市结构的各个方面对环境质量均有影响，人口结构对环境质量的影响是通过从事各个产业的人数、人口的环保意识等来间接地反映城市生产和生活对环境质量的影响；空间结构主要是通过城市或紧凑发展、或蔓延发展而导致的移动污染源排放量的不同对环境质量产生影响；产业结构对环境质量的影响主要表现在工业生产的污染物排放对环境质量的恶化作用同第一、三产业发展带来的改善作用之间的平衡；投资结构则是通过环保投资比重的大小对环境质量产生不同影响。因此，我们有必要综合考虑这些城市结构因素对环境质量的影响，并将它们放在 EKC 模型的研究框架下，分析它们综合作用时会对环境空气质量产生什么样的影响。

2.5 城市空间与环境关系的研究

城市空间与环境关系的研究始于规划学者霍华德，他提出城市空间扩展造成城市环境恶化，因而不利于城市发展。一般来说，城市的扩展是因为城市内部空间容量不足以容纳现有的人口与经济活动，而城市不断扩展就意味着城市空间内的人口和经济活动也在不断增加，这在表面上看来是城市的地域空间扩展造成了环境污染。其实,城市空间与环境的关系还是应当与城市内部各类功能区域的分布结构有关。Glaeser 和 Kahn 关于美国的研究表明,城市空气污染物的排放在城市中心和郊区之间存在明显差异,且这种差异在老城区更为明显。另外,人口空间分布对环境质量也有重要影响。雒占福在精明增长理论的基础上以兰州市为例研究城市空间扩展问题时,发现兰州市的城市建设以河谷为主要轴线,这使得河谷区生态环境遭到破坏,影响到城市整体空间结构的合理化。雒占福在新经济地理学的模型中加入了城市空间成本因素,在一个连续的空间上研究区域发展、产业集聚与扩散,认为技术溢出在资本创造部门和工业企业生产部门都有所体现,同时考虑环境污染的负外部性。

综上所述,本书研究城市经济发展的异质性对环境空气质量的影响是在 EKC 模型的框架下展开的,学者们关于经济发展与环境质量关系的研究为本书提供了研究思路,而学者们对城市规模与环境、城市集聚与环境、城市结构与环境以及城市空间与环境关系的研究,为本书研究框架的构建和实证研究的开展提供了充足的理论素材。但是,学者们对 EKC 模型的研究大多只停留在对量的考察上,比如研究 EKC 模型出现拐点的时间和拐点对应的经济总量;即使有学者研究 EKC 模型的质的方面,比如研究人口、技术、产业结构等因素对 EKC 模型曲线形状和拐点的影响,其对变量的选择也没有形成体系,缺乏较系统的研究。在对城市经济与环境问题的研究中,以城市规模与环境、城市集聚与环境关系的研究居多,而对城市结构与环境、城市空间与环境关系的研究甚少,有关城市结构与城市空间的研究还停留在单纯考虑城市结构及城市空间的演变机理、发展模式等层面上。因此,本书在已有的研究基础上,以空气质量为例,从城市层面综合考虑城市规模、城市集聚、城市结构和城市空间等四个因素;从质的角度来研究城市经济发展对环境质量的影响;并从各省会城市在规模、集聚、结构和空间四个因素上存在的异质性出发,来深入探讨城市经济发展对环境质量的影响。

第三章　相关概念与理论基础

本书研究城市经济发展过程中城市规模扩张、城市集聚演变、城市结构变迁以及城市空间拓展等因素对环境空气质量的影响，但学者们对城市规模、城市集聚、城市结构和城市空间等概念的认识各有不同，并且会因为不同的研究领域和研究目的对这些概念赋予不同的内涵，因此，有必要对本书所涉及的城市规模、城市集聚、城市结构和城市空间等相关概念进行界定，并阐释它们所代表的内涵，以免读者们对本书的研究结论产生误解。另外，由于本书涉及城市规模大小对环境空气质量的不同影响和城市集聚度对环境空气质量的不同影响，因此这两部分的研究需要规模经济理论和集聚经济理论的支撑。另外，有关城市结构和城市空间的相关理论也为本书第七章和第八章的研究提供了理论支撑。因此，笔者认为，经济学中的规模经济理论、集聚经济理论以及城市经济学中的城市结构理论和城市空间理论可以作为本书最主要的理论支撑，与规模经济、集聚经济相关的外部性理论也为本书的研究提供了理论支持。

3.1　相关概念界定

马克思和恩格斯认为城市起源于生产力的发展，生产力的发展引起了分工，分工的加剧导致了城乡分离，进而出现了城市。周春山和叶昌东认为城市空间增长包括规模、要素、结构、形态四个方面的特征；其中规模增长主要反映城市空间增长的总体变化，要素增长主要反映空间增长要素构成的变化，结构增长主要反映空间要素的相互关系，形态增长主要反映的是空间增长的表现形式。借鉴这一分析方法，本书认为城市的经济发展包括规模、集聚、结构和空间四个方面的特征，城市之间由于在这四个方面存在差异而形成了各个城市的异质性。城市规模反映的是城市经济发展在总量上的变化，城市集聚反映的是要素在城市集聚的变化特征，城市结构反映的是城市经济发展各要素比例和相互关系的变化，城市空间则反映城市内各个功能区域的变化情况。

3.1.1 城市规模的概念与内涵

所谓城市规模，是指城市地域内的物质与经济要素在数量上的表现。城市规模的大小受城市经济水平、总人口、自然条件和地理环境等因素的影响。

关于城市规模的内涵，有学者认为它包括人口规模、经济规模和空间规模三个层次；也有学者认为它包括人口、经济和土地利用等三个层次；曾春水将城市规模效应分解为人口规模效应、空间规模效应、经济规模效应、资本规模效应、劳动力规模效应和市场规模效应，也就是说，他认为城市规模包括这六个方面的内涵。

借鉴以上学者的研究，并针对本书研究的目的，笔者认为与环境空气质量相关的城市规模的内涵包括五个方面：经济规模、人口规模、用地规模、资本规模和绿化规模。前三个方面是被诸多学者认可的经济、人口、空间规模，其中的空间规模具体以用地规模来表示；后两个方面是针对本书的研究目的选择的两个解释变量，以便观察城市资本规模和绿化规模对空气质量的影响。

事实上，广义的经济规模应该包括狭义的经济规模（产出规模）和资本规模两个方面，因此，资本规模可以和前面狭义的经济规模一同来表示广义经济规模对环境空气质量的影响。具体来讲，广义的城市经济规模，包括一个独立的经济体所具有的资本、劳动和产出的总体大小，相应地可以用资本规模、劳动人口数、产出规模来表示；而狭义的经济规模一般用地区生产总值来衡量，也就是只有产出规模。本书中的经济规模指的是狭义的经济规模，反映一定时期内城市经济总产出，用各城市的地区生产总值来衡量。它和资本规模一起来反映广义的经济规模对环境空气质量的影响。

城市人口规模指的是城市所辖土地面积上所承载的人口数量。学者们对于最优城市规模的探讨就是针对城市人口规模是否适度来进行的。适度城市人口规模一般是指适应城市经济、生态环境和资源等各方面协调发展的人口数量。而且，最优人口规模也应当使城市现在和将来的总收益最大化，有利于实现城市的可持续发展。但是，学者们研究得出的最优城市规模只是一种理论值，理论上的最优城市规模是建立在边际成本等于边际收益的基础上的。由于人口在城市的集中带来了可共享的资源、递增的规模收益、较低的成本及更多的机会，企业和居民个人的边际收益是显而易见的；但城市人口集聚带来的边际成本如环境恶化、拥挤等结果通常并不能完全反映到企业和居民的成本中，而是体现为负的外部性，这就使得企业和个人的收益大于成本，从而使他们有动力向城市集中，这也就使得城市规模并不能如理论值那样得到严格的控制。

城市用地规模指的是用于城市建设的土地面积，它不仅可以为城市中的企业提供生产用地、为居民提供居住用地，还可以为其他诸如商品交易、仓储运输及娱乐休闲等活动提供一定的土地场所。从城市形态角度来说，城市规模扩张就是指城市土地面积向郊区蔓延，同时城市的一部分企业和居民的活动也随之迁移到郊区的过程。城市规模扩张的动力，一方面是因为城市原来土地面积上的承载能力（包括人口方面的承载能力和环境资源方面的承载能力）超负荷，另一方面是因为城市交通的发达使得人们有可能到达城市周边较远的郊区，从而使城市规模的扩张成为可能。

在本书的研究中，我们除考虑以上三种城市规模因素外，还加入了其他两种城市规模因素：城市资本规模和城市绿化规模。在这里，城市资本规模指的是投资到城市生产中的固定资产投资总额。一般来讲，固定资产投资规模越大，城市的住宅、道路等基础设施建设也将更加完善，因此也能吸引更多的企业和个人向城市集中，这也就更有利于城市产业的集聚。其中，资本密集型产业的发展更是离不开物质资本的投资，固定资产投资规模的增加使得城市用于创新和研发的资本投入增多，因此，城市资本规模的增加为城市的产业升级提供了资本支持。

城市绿化规模是城市绿化环保建设在绿地总量上的反映。适度的城市绿化规模能够满足人们对绿色环境的需求，保证人们能够在清新的环境中生活。并且，城市绿地具有吸收空气中的有害气体、吸附颗粒物、调节气候、吸声降噪等环境生态功能。城市绿化依据土地使用的分类、规模大小、分布位置，被人为划分为公共绿化、街景绿化、居民区绿化、单位附属绿化、风景绿化、生产防护绿化六大类。在实证研究中，有学者选择人均园林绿化覆盖面积来反映城市绿化规模；在本书中，为了突出"规模"，我们用建成区绿化覆盖面积来反映城市绿化的总体规模。

3.1.2 城市集聚的概念与内涵

集聚，是指生产、交易、消费等经济行为在某一空间范围内的集中。一般来说，集聚而成的整体功能大于个体功能之和，且集聚会带来分散状态所没有的经济效率。我们把这种空间集中带来的优势，称为集聚经济。关于集聚经济的类型，学者们有不同的见解：有些学者认为它不仅包括以产业为单位的地方化经济，也包括以城市为单位的城市化经济；也有学者认为集聚经济有三种类型，即企业层面的集聚经济、产业层面的集聚经济和城市层面的集聚经济。

在马歇尔提出外部经济这个概念之后，集聚经济就可以被解释为对外部经济的充分利用。在经济活动存在外部性的前提下，集聚经济包括以下三种类型：第一种是针对企业而言的；第二种是针对产业而言的；第三种是针对城市而言的。第二种类型通常被称为地方化经济，第三种类型通常被称为城市化经济。

本书研究的城市集聚问题，就是第三种类型，即属于不同产业部门的众多企业在城市空间内的集聚，其给企业和产业带来的都是外在的集聚经济，而对于城市来说是内在的。城市内企业和产业的集聚一般是由于该城市存在着一家或者若干家核心企业，众多的企业因该核心企业能带来外部经济利益而聚集在其周围。

新增长理论的代表人物卢卡斯认为正是因为集聚经济正外部性的存在才使得城市得以存在，城市集聚是城市经济发展的主要形式。一般认为，正是由于企业享受到了集聚在城市内的正外部性经济的好处，它们才会集聚在城市内部。按照新古典增长理论，城市层面上的集聚经济是指经济增长受到城市周边地区经济发展的影响。严格来讲，城市范围内的集聚经济是城市内部产业发展的结果，并不只是经济活动的简单聚集。随着技术的不断创新与扩散，城市经济活动的规模和空间形态不断扩张，各个产业部门也随之获得更为显著的规模经济效益，最终形成城市集聚经济。也就是说，城市集聚经济的形成过程也是城市内产业集中的过程。

在本书中，城市集聚的内涵包括经济、人口、产业和资本四个层面的集聚。

城市经济集聚是指在城市土地面积上的经济产出的集聚程度，反映经济对包括城市土地在内的资源所造成的压力。由于我们的研究对象主要是省会城市，这类城市作为各省的中心城市，聚集在其辖区范围内的劳动力、资金和技术等经济发展所需的要素在数量和质量上都比省内其他城市更好，也更集中，这些要素综合作用的结果就是省会城市的经济产出也相对集中。在一定面积的城市土地上，经济产出越大，其所使用的城市自然资源也越多，同时经济生产释放的污染物也越多，所以，城市经济集聚度可以用来衡量单纯的经济生产对环境造成的压力。

城市人口集聚是指人口在城市范围内的集中程度。有学者认为城市具有空间特征，是以非农业人口为主的居民聚居的地区。饶会林指出，由于存在城市规模经济效应，在城市化的初、中期阶段，大城市的个数和人口数都有加速增长的趋势。从动态角度来看，大城市为人口尤其是知识型人才的面对面交流提供了更多的机会，从而促进了人口向城市的集中。虽然城市人口集聚可以提高基础设施的利用率、可以有效改善分散导致的粗放式能源利用模式，但是城市人口一旦过度集中则会给城市环境和资源造成巨大的压力，从而影响城市的经济发展。

城市产业集聚反映各类产业部门在城市的集聚程度，它涵盖了集聚经济概念里的第二层次和第三层次两个方面。从产业角度看，它是地方化经济；从城市角度看，它是城市化经济。这也是学者们认为集聚经济的第二层次和第三层次的差别很微小的原因。新古典经济学时期就有学者对产业集聚进行了研究，马歇尔的外部经济理论认为产业集聚主要由劳动力市场共享、中间产品的投入和专业化市场等三种因素引起。随着新经济地理学的兴起，克鲁格曼等人将空间因素纳入一般均衡分析的框架中，这使得产业集聚理论也得到了较快的发展。随着城市人口、资金、技术等要素的集中，产业集聚也较多地出现在城市范围内，各类产业部门利用城市各类聚集在一起的要素，实现生产的规模经济效益和集聚经济效益。

城市资本集聚是指物质资本在城市空间范围内的集中，代表人均资本拥有量，反映资本在城市的集中程度。城市资本的集聚过程同时也是资本要素的优化整合过程。一般情况下，城市的资本集聚能力和资本存量构成了一个良性的循环：城市资本集聚能力越强，越容易吸引厂商投资，从而保有越多的资本存量；而在资本边际效益还是为正的前提下，城市的资本存量越多，其资本集聚能力也越强。也就是说，只要资本的边际收益为正，那些拥有更多资本的大城市比拥有较少资本的小城市或者农村更能吸引新的投资。正因为此，城市具有的较强的资本集聚能力和资本再生能力，使得各地政府在基础建设、经济投资及公共服务等方面也偏向城市。

3.1.3 城市结构的概念与内涵

结构的产生和存在必须具备两个条件：一是总体中必须有两个以上的组成部分，只有一个组成部分不能形成结构；二是各个组成部分在总体中必须占有一定的比重，没有比重或占百分比的组成部分，结构是不存在的。

城市作为一个有机体，有它的成长期、成熟期、稳定期和衰老期。处于不同发展阶段的城市，其城市结构的形态、功能和空间布局也有显著差异。在城市规划理论的研究者们看来，城市结构是城市空间结构的内涵之一，城市空间结构包括城市形态、城市结构和城市的相互作用。在本书中，我们所研究的城市结构是指在特定生产力条件下，在一定的环境承载能力基础上，自然、社会、经济等要素在城市范围内发生作用的形式表达。

武俊奎认为城市结构主要包括城市的经济结构、社会结构和空间结构三个方面的内容。其中，城市经济结构包括产业和所有制结构，以及流通结构、分配结构、消费结构，还有企业结构；城市社会结构包括城市的政治结构、文化结构和人口结构；城市空间结构包括布局、密度和形态三个方面。

本书借鉴已有研究，认为城市结构是指城市空间范围内各类要素的布局，其中包含人口布局、空间布局、产业布局和投资布局。因此，我们认为城市结构包含以下几个方面。

第一，城市人口结构。人口作为城市中的主要社会因素，对城市社会发展与环境之间的关系有着深远影响。一般而言，城市人口结构包括城市人口自然结构和城市人口社会结构两个方面。其中，城市人口自然结构包括性别构成和年龄构成；城市人口社会结构包括就业结构和户籍结构。由于本书要研究的是城市经济增长过程中城市人口结构因素对环境空气质量的影响情况，需要突出反映城市化进程中人口的社会结构对环境的影响，因此，我们在众多的指标中选择经常用来衡量城市化率的指标——非农业人口占总人口比重，来作为人口结构指标。

第二，城市空间结构。饶会林曾指出，城市空间结构是经济的和社会的物质实体在城市空间范围内形成的有机体，是经济结构、社会结构在城市空间上的投影，是城市经济、社会存在和发展的空间形式。他认为城市空间结构主要包括城市范围内各种物质实体的布局、密度和形态三个方面的形式。城市布局是指城市各类构成要素按一定的方式处于城市空间的不同位置上，并呈现出多方位和多层次的立体形态。对于城市的经济发展而言，合理的城市布局可以使城市内要素的流动更高效、更合理。在本书中，我们研究城市空间结构对环境空气质量的影响情况，故在城市布局方面，我们更关注城市在工业用地、居住用地和绿化带用地等方面的布局，这些生产和生活用地在城市上下风向甚至河流的上下游的布局特点都会影响城市的环境空气质量。城市密度是指市各类要素在城市单位空间范围内的分布。适宜的城市密度有利于节约土地资源、缩短通勤时间，并有助于知识信息的传递和交流。我们将有关城市密度的研究都放在了第六章，也就是城市集聚的研究范围内，这是因为学者们在研究城市集聚度时多使用城市密度指标来反映城市集聚度。本书不同于以往学者将城市密度放在城市空间结构的研究范围内进行研究，而是将其单独放在城市集聚的框架下进行研究。武俊奎认为城市形态一般可以分为城市内部形态和城市总体形态两部分。本书所涉及的城市空间结构，更倾向于城市内部形态这一概念，即城市空间结构是指城市空间范围内工业用地、居住用地、道路以及其他设施和建筑物等所占的土地面积及它们的空间布局，并认为城市的空间结构会受到自然条件及经济发展水平的制约，具有随时间改变的动态性。

第三，城市产业结构。产业结构是在分工的基础上发展起来的，一般将产业结构划分为生产资料部门和生活资料部门两大部类。城市产业结构作为城市经济结构的重要组成部分，其含义就是城市地域范围内的产业结构，反映城市范围内各产业之间及其内部构成的比例关系。我们可以从不同角度对城市产业进行分类，如较常见的三次产业结构划分法。另外，从城市产业转移的角度出发，还可以把产业划分成两大类：一种是转出产业，即用来生产满足城市以外地区需要的商品和劳务的产业；另一种是地方产业，是为满足转出产业和城市居民的生产和生活需要的产业。转出产业是城市经济发展的基础；地方产业一般要与整个城市经济的发展相适应，其在很大程度上受城市人口数量及人口结构的影响。本书借鉴最常用的三次产业结构划分法，用第二产业占地区生产总值的比重来表示产业结构。这是因为，第一产业和第三产业的生产所释放的污染气体相对很少，而包括重工业在内的第二产业所释放的污染气体对城市环境的影响最为严重。一般来讲，第二产业比重越高，环境污染的程度也越严重，因此用第二产业比重来表征产业结构对环境空气质量的影响是合适的。

第四，城市投资结构。由于本书研究的是城市经济发展的异质性对环境空气质量的影响情况，因此我们有必要研究城市的环保投资对城市空气质量的影响情况，它反映的是城市为环境保护所做的经济投资方面的努力。学者们关于环保投资内涵的见解是比较一致的。逯元堂和王金南等认为环保投资一般包括在工业污染源治理、建设项目和环境基础设施建设等方面所投入的资金。由于省会城市的环保投资结构数据要比省级数据可得性差，因此在所能收集到的数据中，我们选择用城市市容环境卫生公用设施建设固定资产投资额占当年固定资产投资总额比重来表示有关城市环境保护的投资结构。

3.1.4　城市空间的概念与内涵

空间和时间共同构成了物质存在的基本形式。经济学意义上的空间可以理解为各种经济要素和经济现象分布以及相互作用的场所。

20世纪以来，城市空间作为多学科领域均可以涉及的研究对象，在经过学者们从不同视角的研究之后，得到了一个较为统一的认识：城市空间是城市物质空间环境与处于该环境中人的各种活动相互作用的结果，是城市现象在地域空间上的分布与表现形式，包括实际存在的物质空间、人类活动的社会空间、生态系统空间以及人类认知范围的空间等多种属性。

有学者认为城市空间概念有三个内涵：空间、空间结构和空间形态。在本书中，我们将第一个内涵理解为空间规模，并把有关空间规模的研究放到第五章城市规模框架下进行研究，将空间结构的研究放到第七章城市结构框架中，而将空间形态中属于城市内空间的部分，作为本书城市空间的研究内容。城市内空间扩展是在分工和技术进步的基础上，产业结构不断升级，农业人口减少、非农业人口增加，人口由农村向城市转移和集中，当非农业人口超过一定规模之后实现的。

佐佐木公明和文世一提出城市经济学最大的特点是"空间"概念。他们认为城市空间既包含城市地域范围内的空间，也包含城市之间的距离空间。城市内空间以城市建成区为主体，人口及工业、服务业等经济活动在其中高度集中；城市间空间包含了一定区域内所有的城市空间，是某城市和其他城市之间、和区域之间关系的反映，它可以用城市间距离和通勤距离来表示。本书中涉及城市空间的研究指的均为城市内空间，并且借鉴佐佐木公明和文世一两位学者的研究思路，将城市道路、绿地和居住空间作为城市的主要内涵，分别分析城市内各个空间因素对环境空气质量的影响。其中道路空间、绿地空间、总体空间和居住空间分别用人均道路面积、人均绿地面积、城市土地面积、人均居住建筑面积来表示。

3.1.5　城市经济发展异质性的内涵

从地理学角度讲，地理位置使得地球表面的事物和现象之间产生两种空间关系：一种是空间上的相互联系；另一种是空间上的相互差异性，又称空间异质性。其中，空间异质性的产生是由于地理位置的不同使得地球表面事物和现象会产生有别于其他地理位置上事物和现象的特点，它是事物在空间上的差异化反映。

受这种地理学意义上的异质性含义的启发，我们在本书中使用异质性一词来表示城市之间的差异性。这种差异性不仅源于地理位置上的不同，还源于各个城市所经历的经济发展模式、经济政策及所处的经济阶段的不同。由于主要是从经济发展的视角来辨别城市之间的异质性，因此我们在异质性前面添加了限定词"城市经济发展"，从实质来讲，异质性是指城市在经济发展过程中形成的有别于互相之间的差异性，就本书的研究内容而言，这些差异性主要表现在城市的规模、集聚、结构和空间四个方面。

就我国国土范围内的各省会城市而言，其在资源禀赋、人文环境等方面都有很大的地域差异，这些差异使得历年来各城市所采取的经济政策、发展模式也呈现多样化。从理论上来讲，城市经济发展的无异质性是指经济总量在每个城市内均匀分布，即各个城市的经济密度是一样的；城市经济发展的最大异质性就是每个城市都具有相同的经济总量，但由于每个城市的地域面积不同，此时各个城市的经济密度差异达到最大。从城市经济发展的现实情况来看，现实中的城市经济及发展异质性是介于二者之间的。

通过对已有文献的研究和对现实世界的观察，本书从城市规模、城市集聚、城市结构和城市空间这四个方面展开，研究城市经济发展的异质性对环境空气质量的影响。之所以从这四个方面进行研究，而不是其他方面，主要源于以下两方面的考虑。

第一，笔者发现学者们已经注意到城市规模、城市集聚与环境质量之间存在着一定的联系：城市的适度规模可能有利于环境质量的提高，但城市规模的过度扩张会导致环境质量的下降；企业和人口在城市的适度集中有利于环境质量的改善，但企业和人口的过度集中将会给城市带来巨大的环境压力。因而，在本书研究城市经济发展的异质性对环境空气质量的影响时，必然也会考虑各个省会城市在规模、集聚两方面存在的异质性对环境空气质量的影响，且规模、集聚因素不仅包含城市规模、企业和人口集聚，还包括其他一些规模和集聚因素。

第二，城市环境经济问题本身就是一个多学科研究领域的问题，城市经济学、城市规划学和经济地理学等学科领域的学者们在研究城市规模等因素之外，还研究城市的结构、城市的空间布局等问题，因而笔者借鉴这些学科对城市问题的研究重点，将城市结构的演变、城市空间的拓展也纳入城市经济发展与环境关系的研究范围，试图探讨城市在结构、空间等方面随着经济发展而变化对环境空气质量的影响情况。

3.2　理　论　基　础

3.2.1　规模经济理论

在经济学分析中，规模经济理论最初被用来分析经济活动中的大批量生产活动行为，亚当·斯密在《国民财富的性质和原因的研究》中提到劳动分工，他认为劳动分工的基础就是一定规模的批量生产。这一观点可以被看作规模经济理论的一种古典解释。马歇尔不仅提出了规模经济理论的实质，即大规模工厂在规模化生产过程中可以得益于专业化分工，而且他认为规模经济形成的途径有两种：一是相对于企业而言的内部规模经济，二是相对于企业而言的外部规模经济。

从微观角度来定义，规模经济理论是指在一定时期内，企业生产规模扩大、产品绝对量增加所带来的生产成本的降低和厂商利润的增加。对城市而言，我们应该从中观的角度来理解规模经济的含义，它是指城市规模的扩大所带来的经济成本的降低和生产效益的提高。然而，这并不意味着城市规模越大就越好，我们知道，与规模经济概念相对应的概念是规模不经济。城市规模过大，会带来环境污染、拥挤等规模不经济的现象。因此，在城市经济学的发展过程中，学者们对最优城市规模问题也进行了不少研究。

最优城市规模理论认为，在达到最优城市人口规模时，城市整体的经济利益实现最大化。也就是说，最优城市规模理论中所指的规模是人口规模。早期对城市规模理论的研究假设是城市具有单一的最优规模，也就是说所有城市的最优规模是一样的，然而 Richardson 和 Henderson 都认为不同的城市具有不同的最优规模。另外，最优城市规模除了具有横向的差异性，在时间上也表现出动态变化的特征。

从经济学角度讲，最优城市规模是建立在边际成本等于边际收益的基础上的。城市规模的边际收益，是指人口每增加一个单位所带来的城市效益；城市规模的边际成本，是指人口每增加一个单位所带来的城市成本。大规模城市具有大规模的劳动力市场和消费市场，从而使企业和劳动者均从中获益。同时，大规模的生产和生活活动增加了城市治理污染、疏通拥挤的成本。从实际生活中可知，这种收益和成本并不能准确度量，因此，理论上的最优规模也只能作为城市规模扩张过程中的一个参考值，并不能真正实现。

3.2.2　集聚经济理论

韦伯首次提出了集聚经济的概念。与集聚经济概念相对应的概念是集聚不经济。马歇尔认为专业劳动力的汇聚、中间产品的规模经济和地方性的技术外溢等三大外部效应是集聚经济的来源。然而，城市规模的扩张使地租上升、环境恶化，这会削弱城市对居民的吸引力，劳动力成本的上升则会使企业重新权衡在大城市获得的集聚效益和在其他城市可得的低成本劳动力，这些因素共同造成了集聚的不经济。

关于集聚经济的形式，胡佛将其与规模经济联系起来，认为可以分为三种：第一种是企业内部规模经济；第二种是产业内部的规模经济，也称产业集聚经济；第三种是城市集聚经济。后来，雅各布斯又提出了"多样化集聚"的概念，认为城市的多样化集聚有利于知识创新。卢卡斯认为这种知识创新不仅体现在重要的技术革新上，还体现在一般技术知识的产生和扩散方面。

罗森塔尔等认为产业集聚不仅可以从行业的角度来分析，还可以从空间和时间的角度来分析。新经济地理学派将集聚经济放在特定的空间范围内进行研究，用空间经济学理论解释了集聚的原因，并在此基础上建立了空间经济学的三种基本模型。本书认为，企业层面、产业层面和城市层面的集聚经济均可以从时间维度进行考察，即从动态的角度来观察企业集聚、产业集聚和城市集聚的发展变化。本书主要从动态视角研究中观意义上的产业集聚和城市集聚，前者被称为动态本地化经济，后者被称为动态城市化经济。

本书研究的是城市集聚问题，它不仅包括同一产业内的不同企业在城市空间内的集聚，也包括具有纵向关联的不同产业在城市空间内的集聚。一般而言，城市各类企业和产业部门的生产活动的集中对城市的经济发展有促进作用，但当这种集聚程度超过某一限度后，集聚不经济的现象就会显现，城市经济发展会因为这种超负荷运转而停滞不前甚至倒退，此时就应该注意遏制城市规模的继续扩大。

3.2.3　城市结构理论

本书涉及城市结构因素的四个方面（人口结构、空间结构、产业结构和投资结构）对环境空气质量的影响，因此人口结构理论、城市空间结构理论、产业结构理论和投资结构理论成为本书研究城市结构对环境空气质量影响部分的理论基础。但由于篇幅限制，本节只阐述城市空间结构理论和产业结构理论。

城市空间结构主要是指城市地域上城市各类功能用地的配置和组合状况。如前文所述，本书研究的是城市内部空间结构，属于微观层面。城市内部空间结构分为同心圆模式结构、扇形模式结构和多核心模式结构。这三种模式结构均从城市空间形态的角度对城市空间结构进行了研究。21 世纪，以戈特曼等为代表的学者提出了世界连绵城市结构理论，他们认为一个城市的空间结构演变体现的是该城市的人口在自然环境资源使用方面最大限度的要求。阿伦斯在《区位与土地利用》一书中利用城市中不同类型城市用地的数据构造函数，并解释了同心圆模式结构的形成机理。总之，由于各学科学者所关注的城市空间结构存在异质性，因此没有形成一个统一的概念框架和研究范式。

相对于城市空间结构理论研究的多样性而言，产业结构理论的研究就比较有系统性。自 17 世纪以来，配弟等经济学家从发现产业结构对经济发展的影响作用开始，将产业部门作为影响经济发展的独立要素进行专门分析，并提出一些经典的产业发展理论，利用多个国家和地区三次产业中劳动投入的比例，总结出经济发展依次经历农业、制造业和服务业的阶段。也就是说，这些学者在研究当时的经济增长情况时，就已经注意到了产业结构的变迁与经济增长所处阶段之间的关联。库兹涅茨用"产业的相对国民收入"来分析产业结构的方法，也就是一直沿用到今天的对产业结构的度量方法。

1950 年以后，里昂惕夫等学者将产业结构与主流的经济增长理论结合起来，罗斯托等学者将产业结构与发展经济学结合起来，他们分别提出的二元结构理论、不平衡增长理论、主导产业扩散效应理论和进口替代思想在现代产业结构理论中占有重要地位。

本书认为，在城市内部，产业结构理论以城市内部各个产业部门之间的比例关系和相互联系为研究对象。产业部门之间的比例关系涉及城市内部结构的均衡，在城市内部，既有城市产业部门在横向上联合生产的规模比例关系，又有城市产业部门在纵向上下游之间的合作生产比例关系，而这两种比例是否适度，关系到城市产业乃至城市经济的均衡发展。产业部门之间的相互联系从质的方面影响着城市内部结构的效益。

3.2.4 城市空间理论

在我国，虽然其他学科对城市空间的研究比较早也比较丰富，但经济学开始研究城市空间是在城市经济学兴起之后。与规划学和地理学强调城市的物质空间和土地空间不同，经济学是从形成城市空间的经济机制出发对其进行研究的，并认为在单个城市增长的前提下，具有互补性的不同城市之间进行资本、劳动力等要素的交换会加速城市空间的拓展。

以往学者们认为，城市空间内不仅包含物质环境，还包含城市主体在该环境中的生产和消费等各项功能活动，以及他们长期的生产和生活活动所形成的该城市所特有的民俗和文化传统。这就不仅涉及各项功能活动的空间布局，也涉及物质环境和文化传统随着时间推移所发生的改变；不仅使城市主体的活动在静态的角度表现出某种状态，还在动态角度上表现为一定的发展和变迁过程。列斐伏尔将城市空间同生产活动联系起来，我们也可以认为这是将城市空间与经济发展联系在了一起。也就是说，城市之间的经济发展水平和阶段的不同，可以导致不同城市空间内部各要素的布局和结构在其状态和形成过程中均出现差异，从而形成不同城市的类型和规则。

国内学者主要用实证研究的方法从微观、中观和宏观三个层面探讨城市空间的拓展规律。微观层面的研究主要是针对单个城市的空间进行的，如周春山和叶昌东以我国特大城市为研究对象，收集了我国 52 个特大城市 1990—2008 年的土地利用现状数据，总结了我国特大城市的空间增长特征。宏观层面的研究主要以国家为研究对象来探讨城市空间的变化规律，如徐博和庞德良针对德国、加拿大等国家城市空间收缩的现象，认为全球化、郊区化的趋势将为城市空间收缩提供可能。

综上所述，学者们在不同时代对不同城市空间进行不同学科角度的研究，形成了对城市空间的不同认识和理解，认为城市空间在结构形态和发展模式上具有异质性。本书也是从我国省会城市在空间形态上存在的异质性出发，来探讨城市空间异质性对环境空气质量的影响。并且，以上学者们的观点多半是从经济地理学角度来研究城市空间形态和空间结构的演变，其中不乏对城市体系和城市空间的研究，而本书的研究主要关注城市内部空间的改变对于空气质量的影响，并借鉴周春山和叶昌东总结的特大城市空间增长所具有的特征，从城市空间的规模、要素和结构三个方面来探讨其对空气质量的影响。具体来说，我们用总体空间变量表示城市空间规模；用居住空间和绿地空间变量表示城市空间要素，它们有着不同的空间功能；用道路空间变量作为带状要素表示城市空间结构。

3.2.5 外部性理论

实际上，在前面的规模经济理论和集聚经济理论中我们已经涉及了外部性的概念。规模经济就是企业、产业或者城市、区域的规模化生产和发展所带来的各个层面主体获得正的外部性，而规模不经济就是企业、产业或者城市、区域的规模化生产和发展带来的如环境污染、拥挤等负的外部性；集聚经济就是企业或者居民集中在一起产生正的外部性后所带来经济效益，而集聚不经济就是企业或者居民聚集在一起产生负外部性后的结果。也就是说，正的外部性是可以给社会中其他主体带来无偿好处的、增加其他主体原有效用的外部性；负的外部性则是具有负面影响的、会削减其他主体效用的外部性。在马歇尔和韦伯先后提出规模经济概念和集聚经济概念之后，学者们又将外部性分为马歇尔外部性和雅各布斯外部性。国内学者李强在研究低碳产业集聚效应时发现，不同城市规模和不同企业规模所具有的外部性是不同的，如大中城市表现出明显的马歇尔外部性特征，而特大城市则表现出明显的雅各布斯外部性特征，小型的低碳企业比大中型企业具有更为明显的雅各布斯外部性特征。

第四章　城市经济发展的异质性对环境空气质量的影响机理

如前文所述，本书对城市经济发展对环境空气质量的影响的研究是在经济 – 环境关系的分析框架下进行的，故后文的分析均以经典的 EKC 模型为基础。本章在 EKC 模型的基础上，分别分析城市规模、城市集聚、城市结构和城市空间对环境空气质量的影响情况。在规模变量、集聚变量、结构变量和空间变量的选取上，本书以经济因素为主，其他与城市经济发展相关的社会文化因素为辅，对城市在这四个方面存在的异质性所带来的对环境空气质量的影响进行剖析，以达到对 EKC 模型中隐含的深层原因进行分解分析的目的。具体来说，本章首先对全国总体上的样本进行简单的 EKC 模型存在性检验，用来观察我国省会城市总体上 EKC 模型的形状、拐点及存在的区域差异；然后将城市经济发展对环境空气质量影响的异质性因素分解为规模、集聚、结构和空间四个方面，简要分析各异质性因素对环境空气质量的影响情况，从而在总体上为第五章到第八章的实证研究提供理论支撑。

4.1　城市经济发展与环境空气质量关系的存在性检验

4.1.1　模型设定

目前，EKC 模型的形式主要以对数多项式模型为主，解释变量主要为经济规模变量的一次方项、二次方项、三次方项及其他控制变量。但是，除了含经济规模变量三次方项的模型在样本区间内拟合得较好，一次模型和大部分二次模型曲线在样本区间内就已远远偏离了样本点。所以，本书首先将含有经济规模变量的一次方项、二次方项、三次方项的 EKC 模型作为研究城市经济发展与环境空气质量关系的基准模型：

$$\ln \text{day}_{it} = \beta_0 + \beta_1 \ln \text{ecoscale}_{it} + \beta_2 (\ln \text{ecoscale}_{it})^2 + \\ \beta_3 (\ln \text{ecoscale}_{it})^3 + \beta X_{it} + \varepsilon_{it} \tag{1}$$

式中，被解释变量 $\ln \text{day}$ 代表空气质量变量；核心解释变量 $\ln \text{ecoscale}$ 代表城市经济规模变量；X_{it} 是控制变量。第 i 个城市第 t 期的空气质量的对数 $\ln \text{day}_{it}$ 被写成了经济规模变量的对数 $\ln \text{ecoscale}_{it}$ 及其平方项和立方项以及一组城市层面的控制变量 X_{it} 的函数。

查阅文献可知，经济总量的增加，在某些时点上表现为对空气质量的负效应；同时，又在另外一些时点上表现为对空气质量的正效应。这一般取决于经济发展所处的阶段及其所采取的生产方式。这样的正负效应共同作用使 EKC 的形状呈 U 形、倒 U 形、N 形及倒 N 形等多种形式。但在本书中，被解释变量"空气质量"是一个正向指标，不同于大多数学者所选的"环境压力"这一负向指标。所以本书和其他学者的同一曲线形状在实际含义上可能刚好是相反的，即同一方向的经济变量的变化，使得环境压力值增加时，却使得空气质量值减少。因此，为了便于读者对比分析，本书在实证检验的结果中先列出城市经济发展与空气质量的关系，再按照 EKC 的定义将其还原为经济发展与环境压力的关系，便于后来的学者们做比较分析。

在观察了各省会城市被解释变量时序图（图 4-1）之后，我们发现空气质量序列在不同城市均存在时序上的延续性，即被解释变量的滞后项影响着其当期值。因此，笔者认为用空气质量构造的 EKC 模型具有动态特征，可以将上述基准模型进行动态化：

$$\ln \text{day}_{it} = \beta_0 + \delta \ln \text{day}_{i,t-1} + \beta_1 \ln \text{ecoscale}_{it} + \beta_2 (\ln \text{ecoscale}_{it})^2 + \\ \beta_3 (\ln \text{ecoscale}_{it})^3 + \beta X_{it} + \varepsilon_{it} \tag{2}$$

式中，$\ln day_{i,t-1}$ 表示被解释变量的滞后一期项，用来衡量滞后项对当期项的影响，以期观察 EKC 模型的动态特征。

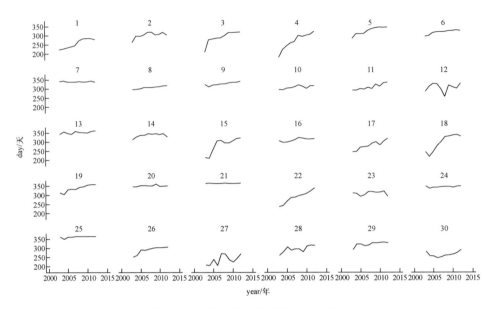

图 4-1　各省会城市被解释变量时序图

4.1.2　数据来源与变量说明

由于部分数据缺失，本书以我国除拉萨之外的 30 个省会城市和直辖市（以下统称省会城市）为研究对象进行研究，并且，在本部分的分区域回归中，我们按照各省会城市所在省份或地区的区域划分，将 30 个城市划分为东部 12 城市、中部 9 城市和西部 9 城市。本书的样本时间范围为 2003—2012 年。

以往学者在相关研究中选取 CO_2、SO_2、NO_x、PM_{10}、烟尘、粉尘等各项空气污染物浓度或者排放量指标来衡量环境质量，但二氧化碳的排放是没有直接测量数据的，学者们要么选择公认的碳排放测算公式来测算大致的二氧化碳排放数据，要么选择自己测定特定区域特定时间段的碳排放数据，后者更适合于自然科学的学者们；直接引用官方统计公布的空气污染物的浓度或者排放量数据进行分析也存在缺陷，即我们只是单独考虑了污染物的浓度或者排放，而没有考虑不同的区域在不同的时间段对污染物的吸纳和扩散稀释能力是不同的，比如在中国的北方，由于气象条件不利，冬春季节空气质量要差于夏秋季节；另外，以往的研究选取的污染物排放量或者污染物浓度指标都是负向指标，我们可以选取一个正向指标来研究空气与经济发展的关系。所以，本书认为从人们最直观的感受出发，用空气质量这个综合了污染物排放和污染物吸纳相互作用之后的指标作为被解释变量，来研究空气质量与城市发展的关系，是合理的也是较为全面的。本书为了消除原始数据的异方差性，对模型两边除百分比比例以外的数据均取自然对数（比例数据平稳性好，且取对数后较难解释实际含义），因此，我们选择空气质量达到及好于二级的天数的自然对数作为空气质量指标。

借鉴前人经验，选择以 2003 年为基期的可比价生产总值的自然对数作为经济规模变量（$\ln ecoscale_{it}$）的指标，为了观察选取空气质量这一正向指标作为环境变量后 EKC 模型的形状，我们还加入其二次方项（$\ln ecoscale_{it}$）^{2} 和三次方项（$\ln ecoscale_{it}$）^{3}。加入二次方项是为了观察空气质量与城市经济发展是否有 U 形或倒 U 形关系，加入三次方项是为了观察二者之间是否有 N 形和倒 N 形关系。当然，由于本书选用的是正向指标，同样形式的曲线其实际含义可能与选用负向指标的曲线实际含义正好相反。

实证研究的变量说明及其数据来源见表 4-1，变量的描述性统计结果见表 4-2。

表 4-1　实证研究的变量说明及其数据来源

变量名称及标识	指标（单位）	数据来源
空气质量（day）	空气质量达到及好于二级的天数（天）	中国统计年鉴
经济规模（ecoscale）	可比价生产总值（亿元）	中国经济与社会发展统计数据库

续表

变量名称及标识	指标（单位）	数据来源
人口规模 （popscale）	年末总人口数（万人）	中经网数据库
产业集聚度 （indusagg）	地均企业数（个 / 平方千米）	中经网数据库
投资结构 （investstru）	城市市容环境卫生公用设施建设固定资产投资占当年固定资产投资总额比重（%）	中国经济与社会发展统计数据库、中经网数据库
绿地空间 （greenspa）	人均建成区绿化覆盖面积（公顷 / 万人）	中经网数据库

表 4-2　变量的描述性统计结果

变量标识	均值	标准差	最小值	最大值	观测数	假设预期
day	310.75	37.15	181	366	300	–
ecoscale	1374.06	!605.85	95.36	8108.50	300	不确定
popscale	428.57	345.10	71.82	1779.10	299	不确定
indusagg	0.54	0.57	0.04	3.58	300	正向
investstru	21.89	7.40	1.03	47.57	298	正向
greenspa	32.49	11.83	3.85	91.95	297	正向

　　需要指明的是，中经网数据库的城市数据多以市辖区为统计口径，因此本书所使用的数据均为市辖区数据。为了避免模型出现"伪回归"的结果，我们对各变量进行 LLC 和 Fisher-ADF 单位根检验（表从略），从检验结果中可知各变量在 1% 显著性水平上均为平稳序列，因此排除了"伪回归"的可能，且说明空气质量与城市发展各因素之间存在长期均衡关系。

4.1.3　EKC 模型的存在性检验

1. 静态分析

在进行了平稳性检验之后，我们采用 Eviews 8.0 软件对 30 个省会城市 10 年间的面板数据分别进行静态回归和动态回归。在静态回归过程中，我们通过豪斯曼检验的结果确定选择使用固定效应模型还是随机效应模型。另外，为了观察 EKC 模型在我国东部、中部和西部之间是否存在差异，我们对属于三个区域的三组城市分别进行静态回归和动态回归。在回归估计方法的选择上，使用豪斯曼检验方法来确定应该使用固定效应模型还是随机效应模型，当不选择截面效应和时期效应时为混合模型。因此，从理论上讲，回归效应分为时期固定截面随机、时期固定截面固定、时期随机截面固定、时期随机截面随机、时期固定、时期随机、截面固定、截面随机和混合共九种情形。表 4-3 列出了全国总体和分区域的 EKC 静态模型存在性检验结果。

表 4-3 中的"全国"列显示的是全国总体城市经济发展与空气质量的关系，从结果中可知，二者关系表现为倒 N 形曲线形状，对应到 EKC 模型则表现为 N 形曲线形状，这与环境库兹涅茨假说中环境与经济关系呈"倒 U 形"的假定不符，说明 EKC 模型会因为研究地域、研究对象等的不同而表现出不同的形状。通过判断时期维和截面维的豪斯曼检验结果中 p 值的大小，来确定估计方法该选择何种回归方法，并在表 4-3 中的"估计方法"行列出所选择的方法。我们在总体静态回归中选择了时期维和截面维的双固定效应。表 4-3 显示，调整后的 R^2 约为 0.79，表示模型整体上的拟合性较好，但从各个变量的显著性来看，总体静态回归的各变量显著性不够好。

"东部省会城市"列是对代表东部省会城市经济发展与空气质量关系的 EKC 模型的回归结果，结果显示其曲线形状和总体是一致的。在东部省会城市的回归过程中我们选择了伴有时期固定效应的估计方法，但其回归结果也不太理想，只有截距项在 1% 的显著性水平上显著，其他各项都不显著，模型总体的 R^2 为 0.376976，说明模型总体上的显著性也不强，拟合性不好。

"中部省会城市"列是对代表中部省会城市经济发展与空气质量关系的 EKC 模型的回归结果，结果显示其曲线形状和总体也是一致的。通过豪斯曼检验，在这组城市中也最终选择了伴有时期固定效应的估计方法，其回归结果较理想，截距项和经济总量的一次方项、二次方项、三次方项均在 5% 的水平上显著，说明各变量对模型的解释力都比较好，但模型总体的 R^2 为 0.329015，说明总体而言该模型并不能较好地拟合中部城市的现实情况。

表 4-3　静态 EKC 模型存在性检验结果

解释变量	全国	东部省会城市	中部省会城市	西部省会城市
C	8.567063*** （0.0000）	12.01763*** （0.0010）	70.13387** （0.0110）	−1.160013 （0.7290）
ln ecoscale	−1.404361* （0.0904）	−2.341587 （0.1219）	−29.34536** （0.0188）	3.341467 （0.0531）
$\ln^2$ ecoscale	0.203233 （0.1074）	0.289853 （0.1704）	4.447404** （0.0183）	−0.557664 （0.0511）
$\ln^3$ ecoscale	−0.008589 （0.1724）	−0.011939 （0.2202）	−0.224185** （0.0177）	0.031688 （0.0392）
R^2	0.814509	0.376976	0.329015	0.363462
Adjusted R^2	0.785032	0.307104	0.224446	0.341258
估计方法	时期截面双固定	时期固定效应	时期固定效应	截面随机效应
样本量	300	120	90	90
形状	倒 N 形	倒 N 形	倒 N 形	N 形
对应 EKC 模型的曲线形状	N 形	N 形	N 形	倒 N 形

注：*、**、*** 分别表示在 10%、5%、1% 的显著性水平上显著；括号内为 p 值。

"西部省会城市"列是对代表西部省会城市经济发展与空气质量关系的EKC模型的回归结果，它的曲线形状与全国、东部省会城市、中部省会城市均不同，呈现出 N 形曲线形状，对应到 EKC 模型的曲线形状为倒 N 形，但还是不符合 EKC 模型中的倒 U 形形式。在西部省会城市组的回归中我们选择了伴有截面随机效应的估计方法。观察其估计结果可知，各项变量均不显著，模型的调整后的 R^2 约为 0.34，说明对西部省会城市而言，该模型的拟合性不是很好。

通过上述静态分析可见，虽然我们按照计量经济学理论选择了合适的估计方法对全国总体面板数据和分区域的面板数据进行了回归，但得到的结果并不理想，这说明我们的模型设定不太合适，或许是遗漏了什么因素。

2. 动态分析

在之前建立模型的部分，我们已经提到空气质量的变化在时间上有着持续性，即前期的空气质量值会影响当期的空气质量值，因此，我们需要将该动态特征反映到 EKC 模型当中去，才能够得到较好的回归结果。

（1）估计方法介绍

需要说明的是，本节和后面章节将采用 Eviews 8.0 软件对面板数据进行动态面板 GMM 估计。动态面板 GMM 方法是阿雷拉诺等提出的一种对动态回归方程进行估计的方法。

该方法的提出者们认为，由于动态面板数据分析需要将被解释变量的滞后项加入解释因素中去，这有可能引起内生性问题，用传统的诸如最小二乘法、工具变量法和极大似然法等进行估计很可能会出现参数估计的无偏性和一致性无法实现，从而使估计结果同实际的经济意义相背离。而 GMM 方法对随机误差项的分布信息没有严格要求，允许其存在异方差和序列相关，因而可以得到更有效的参数估计值。GMM 方法在估计动态面板模型方面有两个优势：一是它在数据存在单位根的情况下仍然有效；二是它恰当使用工具变量的方法解决了被解释变量与部分解释变量之间的内生性问题。

GMM 方法包括差分 GMM 和系统 GMM 两种形式。由于差分 GMM 更适合本书的数据结构，且没有出现弱工具变量的问题，因此本书选择差分GMM。

（2）动态估计结果分析

在了解了动态 GMM 方法之后，下面我们用总体和区域的数据检验动态 EKC 模型是否能够得到较好的拟合结果。表 4-4 就是在考虑了动态因素之后，分别对全国、东部省会城市、中部省会城市和西部省会城市进行回归的结果。如前文所述，动态回归需要选择合适的工具变量，因此我们在表 4-4 的倒数第四行列出了所选择的工具变量。

表 4-4　动态 EKC 模型存在性检验结果

解释变量	全国	东部省会城市	中部省会城市	西部省会城市
$\ln day_{(-1)}$	0.317763*** （0.0000）	0.539988*** （0.0037）	0.200209** （0.0116）	−0.036298 （0.3174）
$\ln ecoscale$	6.239506*** （0.0000）	−10.67134** （0.0424）	−17.60471** （0.0360）	−2.367056*** （0.0019）
$\ln^2 ecoscale$	−0.956177*** （0.0000）	1.501192** （0.0417）	2.652908** （0.0329）	0.418628*** （0.0009）
$\ln^3 ecoscale$	0.049404*** （0.0000）	−0.068351** （0.0441）	−0.130938** （0.0324）	−0.021707*** （0.0011）
J–statistic	26.09837	10.26170	30.40204	41.13373
Sargan	0.457708	0.993381	0.547507	0.420730
工具变量	二阶	三阶	二阶	一阶
样本量	240	96	72	72
形状	N 形	倒 N 形	倒 N 形	倒 N 形
对应 EKC 模型的曲线形状	倒 N 形	N 形	N 形	N 形

注：**、*** 分别表示在 5%、1% 的显著性水平上显著；括号内为 p 值。

　　表 4-4 的"全国"列是对全国所有城市进行的动态 GMM 回归结果，从表中可知，一阶滞后项的显著性很强，在 1% 的水平上显著，说明 EKC 模型确实存在显著的动态效应。动态 GMM 回归结果的 J 统计量值适中，Sargan 检验明显大于 0，因此可以认为，动态 EKC 模型对全国总体面板数据的拟合是好的，一阶滞后项和经济总量的一次方项、二次方项、三次方项均在 1% 的水平上显著，说明各变量对模型的解释力都比较好。这些结果均可以说明动态 EKC 模型对全国总体面板数据来说，是一个较好的拟合模型。在此，笔者选择了被解释变量的二阶滞后项作为工具变量，EKC 模型的曲线形状为倒 N 形，这与静态方法的回归结果是不同的。

　　"东部省会城市"列是对东部省会城市 EKC 模型的动态模拟，虽然一阶滞后项和经济总量的一次方项、二次方项、三次方项的显著性没有全国总体的回归结果那么好，但各变量也在小于或等于 5% 的水平上显著，说明各个变量对模型有足够的解释力。另外，在此处我们选择了被解释变量的三阶滞后项作为工具变量，且在对东部省会城市的 EKC 模型的曲线形状进行动态检验时，我们得到了一个不错的 Sargan 检验值，其值为 0.99，接近于 1，说明我们选择的工具变量是合适的，也是有效的。与全国面板数据不同的是，对东部省会城市面板数据进行动态回归后得到的 EKC 模型的曲线形状和对其静态回归后的结果是一致的，均呈 N 形。

　　"中部省会城市"列是对中部省会城市面板数据的动态 GMM 回归结果。该结果与东部省会城市的 GMM 结果类似，各变量均在 5% 的水平上显著，并且 Sargan 检验也通过了"模型过度约束正确"的原假设。另外，对中部省会城市面板数据进行动态回归后得到的 EKC 模型的曲线形状也和其静态回归结果一致的，呈 N 形。与东部省会城市不同的是，在这里，我们选择了被解释变量的二阶滞后项作为工具变量，这点与全国总体面板数据是一样的。

　　"西部省会城市"列是对西部省会城市 EKC 模型的动态模拟，与之前静态回归结果不同的是，其动态曲线形状变为 N 形，且关键解释变量的显著性也变强，说明动态形式的 EKC 模型能够很好地拟合西部省会城市经济发展对空气质量的影响情况。西部省会城市的动态回归中我们选择了被解释变量的一阶滞后项作为工具变量，且回归结果显示 J 统计量值适中，Sargan 检验结果的 p 值明显大于 0，说明被解释变量的一阶滞后项是一个有效的工具变量。

综上得知，针对本书所掌握的现实中的面板数据而言，建立含有被解释变量滞后项的模型、选择使用动态 GMM 方法对 EKC 模型进行回归是合适的也是有效的，因此我们在后面的章节中均选择动态 GMM 方法来分析城市经济发展的方方面面对空气质量的影响情况。

4.2 城市经济发展的异质性因素分解

在第一章我们已经简单界定了城市经济发展的异质性所表示的含义，更进一步说，在城市经济发展的过程中，由于各个城市所处的空间地理位置不同，其在不同时期在全国范围内所处的政治、经济、文化等领域的地位也不同，因而在不同发展阶段所实施的诸如经济、人口、产业等政策也大相径庭，最终使得各城市在经济发展过程中形成各自不同的发展模式、发展阶段，这些综合因素作用的结果就使得全国不同城市形成了在城市规模、城市集聚、城市结构和城市空间等方面的差异性。因此，从更深层上来讲，本书所指的城市经济发展的异质性，就是指由于经济发展而造成的处于不同地理位置的城市在规模、集聚、结构和空间方面的差异性。根据该内涵，本书将从我国省会城市之间在经济发展过程中造成的在规模、集聚、结构和空间四个方面的异质性入手，来研究存在异质性的各城市在经济发展过程中对空气质量的影响情况。

第一个异质性因素是城市规模。说到城市规模，难免会提到城市规模扩张，正是有了自古以来的城市规模扩张，才使得城市从无到有、从小到大地发展。而城市规模的扩张涉及对环境资源的开发、占有和使用。纵观历史上的疆土拓展，无一不是循着更为富饶的土地去的，那里有丰富的水、日照、植被等，而人类每开辟一片新疆域，便给那里的环境造成或多或少的影响。尤其是工业革命以来，机器生产代替了手工制作，工厂日渐增长的生产能力虽然满足了日益增多的人口生活的需要，但也给环境带来了不可挽回的损失。城市规模的扩张，势必伴随着城市土地的拓展、经济总量的增长、人口规模的增大及各类生产投资的增加，这些都成为城市规模扩张对环境造成影响的直接来源。近几年来，空气污染问题已经成为我国各城市发展的瓶颈，成为各城市实现可持续发展和协调发展的制约因素。因此，我们以环境空气质量为例，探究城市规模扩张过程中经济、人口、城市用地及投资等规模因素对环境质量的影响情况，并加入绿化规模因素，来观察相关部门在治理空气污染过程中所做的努力是否对空气质量起到了显著的影响。

　　第二个异质性因素是城市集聚。最常见的集聚因素是产业集聚和人口集聚，也正是这两个因素，使得城市从农村中剥离出来，成为非农业人口的聚居地、工业生产的集中地，而将农业人口和农业生产留在了农村。工业生产的最大特点之一是它需要大量的机器和厂房，而机器的购买和厂房的建立就形成了最原始的物质资本的投资。也就是说，城市的工业生产必将引致更多的资本投资到城市，这使得城市不仅成为人口集聚地、产业集聚地，也成为固定资产投资的集中地。由此看来，随着城市规模的不断扩张、经济的不断发展，越来越多的人口在城市集中生活、越来越多的企业在城市建厂生产，大量的人口集聚在城市会排放大量的生活污染物，众多的企业生产会排放大量的生产废气、废水、固体废物等对环境有损害的污染物。城市经济、人口、产业和资本的集聚度越高，这种由于生活和生产带来的污染物排放密度也随之增加。

　　第三个异质性因素是城市结构。从地理学知识来看，城市尤其是省会城市由于其处于不同的地理位置，城市之间有广阔的腹地相隔，因此城市和城市之间更多的是呈点状分布，彼此之间的异质性强于彼此之间的依赖性，这也是为什么本书从异质性角度来分析，而不是从空间依赖性角度来分析的原因。既然省会城市之间的异质性很强，那么除了规模、集聚度方面的差异，城市结构也是一个很重要的方面。城市在经历了从无到有、从小到大的成长过程之后，不仅由于其天然具有的地形、地貌、植被和人文等条件造成了其特定的城市空间结构、人口结构，也由于其历来所经历的不同城市治理者依据其资源禀赋制定和实施的不同产业政策、投资政策使其拥有了不同于其他城市的产业结构、投资结构。因此，我们在研究城市结构异质性对环境空气质量的影响时，也分别从空间结构、人口结构、产业结构和投资结构来探讨。

第四个异质性因素是城市空间。城市空间的直接含义就是指城市总体地域的面积、范围和宽广程度。城市空间的间接含义可以放到城市空间内具体的功能用地上来讲。比如，人均居住用地面积代表居民居住的空间大小，反映人口居住的密集程度；人均铺装道路面积代表城市内交通的拥挤程度，反映城市内道路空间的通畅程度；人均绿地面积代表城市绿化环保建设用地的空间大小，反映城市对污染物排放的吸纳能力，等等。所有这些不同功能的城市用地空间，都是基于城市总体地域范围即城市总体空间的基础上才能实现的。因此，可以说城市空间的研究是和城市的产生、发展及壮大密不可分的，只有城市实现了经济总量的不断增长、人口规模的日渐增加、企业和产业的持续集聚以及投资结构的升级完善，才能使城市总体空间得到不断开拓，从而为城市内部各个功能的实现提供足够的土地空间。从空间与环境空气质量的关系来看，也并非城市空间越广阔，城市的环境空气质量就越好，还应该考虑城市内部的生产、生活活动所释放的污染物密度及强度等，而这些又与城市结构相关问题有关。因此，想要分析二者之间的关系，必须和其他因素联系起来分析才能得到合理的答案。

4.3 城市经济发展的异质性对环境空气质量的影响机制

为了从总体上概括分析上述四个异质性因素对空气质量的影响情况，我们在之前的动态 EKC 模型基础上，分别加入规模、集聚、结构和空间异质性因素中具有代表性的人口规模、产业集聚、投资结构和绿地空间四个变量，分别分析各个方面对空气质量的大体影响。

具体来讲，我们沿用之前分析中较好的动态回归估计方法对全国以及东部、中部、西部三大区域进行分别回归，来大体观察规模、集聚、结构和空间异质性对全国以及三大区域的空气质量是否有显著影响，并以此总结城市经济发展的异质性对环境空气质量的总体影响机制和区域差异。

从上述 EKC 模型存在性检验结果中可知，动态回归效果要好于静态回归，因此我们选择以经济总量为基础的 EKC 模型的动态形式，分别加入人口规模、产业集聚、投资结构和绿地空间这四个异质性指标，来观察这些因素导致的城市经济发展对空气质量的影响差异。下面从异质性因素对全国总体影响来分析，其回归结果见表 4-5。

表 4-5　异质性因素对全国总体影响的动态 GMM 回归结果

解释变量	基准模型	规模因素	集聚因素	结构因素	空间因素
$\ln day_{(-1)}$	0.317763*** (0.0000)	0.319071*** (0.0000)	0.265499*** (0.0000)	−0.173018*** (0.0000)	0.258019*** (0.0000)
$\ln ecoscale$	6.239506*** (0.0000)	8.567840*** (0.0006)	6.864767*** (0.0063)	−3.807566*** (0.0002)	6.076937*** (0.0000)
$\ln^2 ecoscale$	−0.956177*** (0.0000)	−1.359124*** (0.0006)	−1.059998*** (0.0081)	0.690590*** (0.0000)	−0.996253*** (0.0000)
$\ln^3 ecoscale$	0.049404*** (0.0000)	0.072854*** (0.0004)	0.055296*** (0.0078)	−0.036944*** (0.0000)	0.053654*** (0.0000)
$\ln popscale$		−0.285982*** (0.0000)			
$\ln indusagg$			0.025705*** (0.0000)		
$investstru$				0.010060*** (0.0000)	
$\ln greenspa$					0.081907*** (0.0000)

续表

解释变量	基准模型	规模因素	集聚因素	结构因素	空间因素
J-statistic	26.09837	27.75496	28.59395	22.45404	25.98131
Sargan	0.457708	0.319257	0.281245	0.609410	0.408597
工具变量阶数	二阶#	二阶	二阶	一阶#	二阶
样本量	240	239	240	133	237
形状	N 形	N 形	N 形	倒 N 形	N 形
对应 EKC 模型的曲线形状	倒 N 形	倒 N 形	倒 N 形	N 形	倒 N 形

注：*** 表示在 1% 的显著性水平上显著；括号内为 p 值。# 此处"二阶"代表用 ln day 的二阶滞后项作为工具变量，"一阶"代表用 ln day 的一阶滞后项作为工具变量，下文表格中依此类推。

表 4-5 中"基准模型"列是动态 EKC 模型的回归结果，我们以此结果为参照，分别加入规模、集聚、结构和空间异质性因素，来观察各因素对原有 EKC 模型曲线形状的保持或者改变。

"规模因素"列是在动态 EKC 模型的基础上，加入规模因素后的回归情况。结果显示，加入规模因素后，原 EKC 模型的曲线形状不改变，且规模变量的显著性较强，说明规模是城市发展中一个比较重要的因素，其对空气质量的改善或恶化有较强的解释力。在这里选择使用 ln day$_{it}$ 的二阶滞后项作为工具变量，从 J 统计量的值和 Sargan 检验的 p 值大小来看，该工具变量是合适的。从具体指标来看，此处选择了人口规模指标，其系数的符号为负，说明人口规模增加，空气质量会相应出现恶化；人口规模的系数绝对值约为 0.29，说明人口规模每增加 1%，空气质量便恶化 0.29%，这一比例还是比较高的，说明人口规模是影响空气质量的重要指标。

"集聚因素"列是在动态 EKC 模型基础上加入集聚因素后的回归结果，可见，集聚因素的加入没有改变基准模型中 EKC 模型的曲线形状，仍为倒 N 形，且动态 EKC 模型中被解释变量的一阶滞后项、经济总量的一次方项、二次方项和三次方项均很显著，说明 EKC 模型的动态特征明显、用经济总量表示的 EKC 模型能够很好地拟合数据样本点。集聚因素的系数符号显著为正，说明以产业集聚为代表的集聚因素对空气质量的改善有明显的促进作用；集聚因素的系数绝对值约为 0.026，说明产业集聚度每提高 1%，空气质量的平均值就升高大约 0.03%。从绝对值来看，集聚因素对空气质量的影响大约是规模因素对空气质量影响程度的十分之一。这也就是说相较城市的集聚发展而言，城市的规模扩张是对环境空气质量影响较为深刻的城市经济发展行为。城市的政策制定者和相关部门，可以多从城市规模政策入手来缓解城市环境空气质量压力。

"结构因素"列是在基准的动态 EKC 模型基础上加入结构因素后的回归结果，在这个回归结果中，动态 EKC 模型的曲线形状发生了逆转，由之前的倒 N 形转变为 N 形，被解释变量的滞后项的符号也发生了逆转。这说明，作为城市经济发展过程中较为深刻的因素，结构因素的改变会导致城市经济增长对空气质量的影响发生实质性的改变。这也为政策制定者们指出了一条明路：城市结构的升级和变迁会更有效地改变经济增长与环境空气质量之间固有的关系，因此城市结构政策可以作为深化城市改革中的重要举措。另外，在 Sargan 检验的基础上，此处选择了被解释变量的一阶滞后项作为工具变量，根据 Sargan 检验的 p 值可知，模型没有发生过度识别问题，工具变量是合适的，模型的设定也是合理的。结构因素的系数符号为正，系数绝对值为 0.01，说明结构因素对空气质量的改善有正向作用，投资结构每改变 1%，空气质量就相应地在同方向上改变 0.01%。虽然结构因素单变量的作用小于集聚因素和规模因素，但其对整个模型的作用却是深刻的：除了 EKC 模型的符号发生了逆转之外，我们在结构因素引入之后也得到了较高的 Sargan 检验的 p 值，说明结构因素对模型整体的贡献还是比较大的。

"空间因素"列考量了空间因素对全国省会城市环境空气质量影响的大体情形。与规模因素和集聚因素相同，空间因素的加入并没有对 EKC 模型的曲线形状造成深刻的改变，还是维持了基准的动态 EKC 模型的曲线形状，呈倒 N 形。动态 EKC 模型的系数均很显著，工具变量选择了 $\ln day_{it}$ 的一阶滞后项，根据 J 统计量的值和 Sargan 检验的 p 值大小来看，模型没有出现弱工具变量问题。从显著性来看，空间因素在 1% 的水平上显著。空间因素的系数符号为正，说明空间因素对空气质量的影响是正向的，即城市空间越广阔，城市空气质量也就越好，这与我们所认识的现实世界相一致。空间因素的系数绝对值大小约为 0.08，说明每增加 1% 的城市空间，城市的空气质量就得到 0.08% 的改善。

综上可见，城市经济发展中规模、集聚、结构和空间四个因素对空气质量的影响，按绝对值大小来排列是：规模、空间、集聚和结构。也就是说，如果调整城市发展在规模、集聚、结构和空间四个方面的政策，则最容易看到调整结果的是城市规模的扩张或紧缩政策，其次为城市空间的蔓延性或紧缩性发展政策，再次为城市人口、产业等集聚程度的调整政策，最后才是城市结构政策。其中，城市结构政策是最能深刻改变城市整体经济发展走向的，也是最难实施的城市政策。这是因为，城市结构在经历了数代人的努力之后，与该城市的资源禀赋、人文地理环境已经有了较好的契合，想要改变城市结构必须有诸如环境改善需求等较强的内在动力才能开展。另外，按照规模、集聚、结构和空间四个因素对空气质量的影响方向来看，有正的环境外部性的是集聚、结构和空间三个因素，它们的改变会使空气质量在相同方向发生变化，而规模因素的改变则会使空气质量在相反的方向发生变化，这也正是有些学者在研究城市规模时建议通过限制人口流动的政策来达到适当控制城市规模目的的原因。当然，这里的规模、集聚、结构和空间四个因素对空气质量影响的方向只是给我们提供了城市经济发展的这四个方面大致上对空气质量的影响机理，后面章节中我们会用更具体的指标来分别分析各个方面中具体的因素综合作用时，会给城市空气质量带来怎样的影响。

为了分析三大区域内省会城市的经济发展在规模、集聚、结构和空间四个方面对空气质量的影响情况，我们分别将省会城市分为东部十二个省会城市、中部九个省会城市和西部九个省会城市三组，分别对各组城市进行与表 4-5 类似的以动态 EKC 模型为基础的回归。回归结果分别如表 4-6、表 4-7、表 4-8 所示。

表 4-6 基准模型列是东部省会城市 EKC 模型的动态回归结果，我们以此为参照来分析加入规模、集聚、结构和空间因素后的情形。"规模因素"列是加入规模因素后的回归结果，该结果显示规模因素的系数符号为正，说明东部省会城市经济发展过程中的规模因素对环境空气质量的影响不同于全国总体的情形，规模因素对空气质量的改善有促进作用，并且规模因素的这种正向作用在 1% 的水平上显著。从数值上来讲，其绝对值约为 0.66，说明规模因素每提高 1%，东部省会城市的空气质量改善 0.66%。

表 4-6 异质性因素对东部城市影响的动态 GMM 回归结果

解释变量	基准模型	规模因素	集聚因素	结构因素	空间因素
ln day $_{(-1)}$	0.539988*** （0.0037）	0.185141*** （0.0000）	0.323995*** （0.0005）	0.358522*** （0.0003）	0.317704** （0.0100）
ln ecoscale	−10.67134** （0.0424）	−13.71064*** （0.0001）	−10.26861** （0.0133）	−9.300273** （0.0307）	−11.81869** （0.0275）
$\ln^2$ ecoscale	1.501192** （0.0417）	1.911102*** （0.0001）	1.450585** （0.0137）	1.352534** （0.0265）	1.578898** （0.0349）
$\ln^3$ ecoscale	−0.068351** （0.0441）	−0.087055*** （0.0000）	−0.065098** （0.0164）	−0.062881** （0.0254）	−0.068538** （0.0450）
ln popscale		0.656133*** （0.0020）			
ln indusagg			0.019083*** （0.0087）		
investstru				0.025921 （0.3492）	
ln greenspa					0.083571* （0.0723）

续表

解释变量	基准模型	规模因素	集聚因素	结构因素	空间因素
J-statistic	10.26170	24.63336	39.21204	32.24161	22.43570
Sargan	0.993381	0.783873	0.147790	0.405109	0.868855
工具变量阶数	三阶	二阶	二阶	二阶	二阶
样本量	96	95	96	96	93
形状	倒 N 形	倒 N 形	倒 N 形	倒 N 形	倒 N 形
对应 EKC 模型的曲线形状	N 形	N 形	N 形	N 形	N 形

注：*、**、***分别表示在 10%、5%、1%的显著性水平上显著；括号内为 p 值。

"集聚因素"列为动态 EKC 模型基础上加入集聚因素的估计结果，集聚因素的加入仍然没有改变基准模型中 EKC 模型的曲线形状，模型中 ln day_{it} 的一阶滞后项、ln ecoscale 的一次方项、二次方项和三次方项均很显著，集聚变量在 1%的显著性水平上显著，其系数的符号为正，绝对值大小约为 0.02，说明东部省会城市经济发展的集聚因素每提高 1%，就会带来城市空气质量 0.02%的改善。

"结构因素"列考察了结构因素在东部省会城市所发挥的环境效应，虽然结构因素的引入并没有改变基准模型中 EKC 模型的曲线形状，但遗憾的是，在东部省会城市的结构因素回归中，结构变量的系数在 10%的水平上也不显著，因此结构因素并不具有显著改变空气质量的作用，其系数符号为正，绝对值大小约为 0.026，说明结构因素每改变 1%，就带来空气质量同方向变动 0.026%，但这种带动作用并不是很明显。

"空间因素"列考察了空间因素对东部省会城市空气质量的影响，结果显示，这种影响在 10%的水平上显著，空间因素的系数符号为正，系数绝对值大小约为 0.08，这就是说，在东部省会城市，城市经济发展的空间因素每上升 1%，城市空气质量将会改善 0.08%。

综上，在东部省会城市，城市空气质量的变化主要受城市经济发展中规模和集聚因素的影响，且影响弹性分别约为 0.66 和 0.02；东部省会城市的空气质量受结构因素影响的显著性不强，受空间因素影响的显著性较规模和集聚因素弱一些，但比结构因素要强，且其影响弹性约为 0.08，略高于集聚因素的影响程度。因此，从政策角度来看，对于东部省会城市，改善空气质量时可采取与城市规模和城市集聚相关的政策，如适度扩张城市规模和适度提高产业集聚度等，将会比较有效地改善空气质量。另外，城市空间政策也可以作为辅助政策加以实施，以便改善东部省会城市的空气质量。

表 4-7 中，"基准模型"列是中部省会城市 EKC 模型的动态回归结果，我们以此为参照来分析加入规模、集聚、结构和空间因素后的情形。"规模因素"列是加入规模因素的回归结果，该结果显示规模因素的系数符号为负，说明中部省会城市经济发展过程中的规模因素对环境空气质量的影响和全国总体的情形相同，规模扩张将会导致空气质量出现恶化，并且规模因素的这种负效应在 1% 的水平上显著。从数值上来讲，其绝对值约为 0.17，说明规模因素每提高 1%，中部省会城市的空气质量就恶化 0.17%。

"集聚因素"列为动态 EKC 模型基础上加入集聚因素的估计结果，集聚因素的引入仍然没有改变基准模型中 EKC 模型的曲线形状，模型中 $\ln day_{it}$ 的一阶滞后项、$\ln ecoscale$ 的一次方项、二次方项和三次方项均很显著，集聚变量在 5% 的显著性水平上显著，其系数的符号为正，绝对值大小约为 0.06，说明中部省会城市经济发展的集聚因素每提高 1%，就会带来城市空气质量 0.06% 的改善。

"结构因素"列考察了结构因素在中部省会城市所发挥的环境效应，结构因素的引入没有改变基准模型中 EKC 模型的曲线形状，其系数在 10% 的水平上显著，系数绝对值大小约为 0.001，说明结构因素每改变 1%，就带来空气质量同方向变动 0.001%。

"空间因素"列考察了空间因素对中部省会城市空气质量的影响，结果显示，这种影响在 1% 的水平上显著，空间因素的系数符号为正，系数绝对值大小约为 0.13，说明中部省会城市经济发展的空间因素每上升 1%，城市空气质量将会改善 0.13%。

表 4-7 异质性因素对中部城市影响的动态 GMM 回归结果

解释变量	基准模型	规模因素	集聚因素	结构因素	空间因素
ln day $_{(-1)}$	0.200209** (0.0116)	0.221984*** (0.0079)	0.246833*** (0.0050)	0.223819*** (0.0000)	0.204095*** (0.0000)
ln ecoscale	−17.60471** (0.0360)	−26.16586*** (0.0072)	−25.27786*** (0.0002)	−21.32981*** (0.0000)	−20.45418*** (0.0000)
$\ln^2$ ecoscale	2.652908** (0.0329)	3.990984*** (0.0057)	3.799000*** (0.0002)	3.217000*** (0.0000)	3.005434*** (0.0000)
$\ln^3$ ecoscale	−0.130938** (0.0324)	−0.199504*** (0.0050)	−0.187541*** (0.0004)	−0.159163*** (0.0000)	−0.145792*** (0.0000)
ln popscale		−0.167549*** (0.0000)			
ln indusagg			0.056004** (0.0170)		
investstru				0.001079* (0.0798)	
ln greenspa					0.130930*** (0.0000)
J−statistic	30.40204	25.66663	31.98707	32.75985	28.61549
Sargan	0.547507	0.737139	0.779528	0.710107	0.889290
工具变量阶数	二阶	二阶	一阶	一阶	一阶
样本量	72	72	72	70	72
形状	倒 N 形	倒 N 形	倒 N 形	倒 N 形	倒 N 形
对应 EKC 模型的曲线形状	N 形	N 形	N 形	N 形	N 形

注：*、**、*** 分别表示在 10%、5%、1% 的显著性水平上显著；括号内为 p 值。

综上所述，在中部省会城市，城市空气质量的变化主要受城市经济发展中规模因素和空间因素的影响，且影响弹性分别约为 0.17 和 0.13，该弹性大小与东部城市相比有所增大。相比之下，中部省会城市的空气质量受结构因素和集聚因素影响的显著性较小，从弹性大小来看，这两种因素的影响程度也较小，分别约为 0.06 和 0.001。可以观察到的是，不论是在东部还是在中部，省会城市经济发展中的结构因素对空气质量的影响弹性均很小。因此，对于中部省会城市来说，若想改善空气质量，采取城市规模和城市集聚相关政策是比较可取的，也是能够更快看到效果的政策。与东部省会城市不同的是，中部省会城市在城市规模方面应该采取紧凑型发展政策而不是蔓延型发展政策。

表 4-8　异质性因素对西部城市影响的动态 GMM 回归结果

解释变量	基准模型	规模因素	集聚因素	结构因素	空间因素
ln day $_{(-1)}$	0.162107*** （0.0008）	0.189271*** （0.0004）	0.178898*** （0.0000）	0.155618*** （0.0000）	0.182599*** （0.0002）
ln ecoscale	1.864622*** （0.0000）	2.965208*** （0.0001）	1.727966*** （0.0000）	2.377554*** （0.0000）	3.524778*** （0.0000）
$\ln^2$ ecoscale	−0.277537*** （0.0000）	−0.454546*** （0.0002）	−0.247185*** （0.0000）	−0.361972*** （0.0000）	−0.552479*** （0.0000）
$\ln^3$ ecoscale	0.015055*** （0.0000）	0.024071*** （0.0002）	0.013174*** （0.0000）	0.019519*** （0.0000）	0.029292*** （0.0000）
ln popscale		0.019669 （0.4648）			
ln indusagg			0.026290*** （0.0000）		
investstru				0.004028** （0.0122）	
ln greenspa					0.035579*** （0.0000）

续表

解释变量	基准模型	规模因素	集聚因素	结构因素	空间因素
J-statistic	47.33565	45.39342	46.86669	44.63269	45.85577
Sargan	0.458851	0.539274	0.478036	0.571138	0.519947
工具变量阶数	三阶，二阶 [#]	三阶，二阶	三阶，二阶	三阶，二阶	三阶，二阶
样本量	72	72	72	72	72
形状	倒 N 形	N 形	N 形	N 形	N 形
对应 EKC 模型的曲线形状	N 形	倒 N 形	倒 N 形	倒 N 形	倒 N 形

注：**、*** 分别表示在 5%、1% 的显著性水平上显著；括号内为 p 值；
　　# 此处的三阶和二阶分别代表用 ln day 的三阶滞后项和 ln ecoscale 的二阶滞后项作
　　为工具变量。

表 4-8 中的"基准模型"列是 EKC 模型在西部省会城市的动态回归结果，作为基准模型的回归结果，我们以此为参照来分析加入规模因素、集聚因素、结构因素和空间因素后的情形。

"规模因素"列是加入规模因素的回归结果，该结果显示规模因素的系数符号为正，这与总体情形不同，但与东部省会城市的情形类似，说明西部省会城市经济发展过程中的规模因素对环境空气质量的影响是正向的，规模扩张将会带来空气质量的改善。但遗憾的是，西部省会城市经济发展中规模因素的正效应并不显著。从数值上来讲，其绝对值约为 0.02，小于全国、东部省会城市和中部省会城市的规模因素系数绝对值，说明规模因素在西部省会城市的作用小且不显著。

"集聚因素"列为动态 EKC 模型基础上加入集聚因素的估计结果，集聚因素的引入没有改变基准模型中 EKC 模型的曲线形状，模型中 $\ln day_{it}$ 的一阶滞后项、ln ecoscale 的一次方项、二次方项和三次方项均在 1% 的水平上显著，集聚变量也在 1% 的显著性水平上显著，其系数符号为正，绝对值大小约为 0.03，说明西部省会城市经济发展的集聚因素每提高 1%，就会带来城市空气质量 0.03% 的改善。

"结构因素"列考察了结构因素在西部省会城市所发挥的环境效应，结构因素的引入没有改变基准模型中 EKC 模型的曲线形状，其系数在 5% 的水平上显著，系数绝对值大小约为 0.004，说明结构因素每改变 1%，就带来空气质量同方向变动 0.004%。

"空间因素"列考察了空间因素对西部省会城市空气质量的影响，结果显示其系数在 1% 的水平上显著，空间因素的系数约为 0.04，表明西部省会城市经济发展的空间因素每提高 1%，城市空气质量将会改善 0.04%。需要强调的是，为了避免出现弱工具变量问题，在多次试验下我们发现将被解释变量的三阶滞后项和二阶滞后项同时作为工具变量是合适的，此时的回归结果通过了 Sargan 检验，说明工具变量的选择没有出现过度识别问题。

综上，西部省会城市经济发展中的规模因素、集聚因素、结构因素和空间因素对城市空气质量的影响都比全国、东部省会城市和中部省会城市微小，其弹性系数分别约为 0.02、0.03、0.004、0.04，且四个因素对空气质量的影响均为正，这与东部城市的系数符号是相同的。综合上述结果，结构因素的系数要么不显著、要么系数很小，说明在规模、集聚、结构和空间这四个因素中，城市经济发展的结构因素对空气质量的作用可以放在最次要的位置考虑。

4.4　本章小结

本章首先在 EKC 模型框架下对全国省会城市经济发展对空气质量影响的总体情况进行了静态分析，并在此基础上对省会城市进行分组，分为东部省会城市、中部省会城市和西部省会城市三组进行静态回归，用以检验省会城市在分区域的情形下是否符合静态 EKC 模型的假说。静态回归的结果显示，无论是总体回归还是分区域回归，静态回归的结果都不太理想。鉴于此，本书又对全国和东部省会城市、中部省会城市、西部省会城市分别进行了动态回归，结果显示，动态回归结果很好，且全国的 EKC 模型的曲线形状呈现出倒 N 形，分区域回归的 EKC 模型的曲线形状均呈 N 形。其次，在静态和动态 EKC 模型的存在性检验基础上，引出本书分析的重点，即城市经济发展的四个异质性因素——规模、集聚、结构和空间，并分别对城市经济发展中的这四个异质性因素进行了阐述。再次，在阐述清楚异质性因素之后，我们分别就全国和区域对四个异质性因素分别进行了探讨，也就是将四个因素分别引入全国和分区域的动态 EKC 基准模型中，并分别分析各异质性因素在全国和分区域动态回归中所起的作用。

结果显示，城市经济发展的规模因素始终是对空气质量影响较为显著的因素，集聚因素的影响方向一直是正向的，结构因素是对空气质量影响最为微小和不显著的变量，空间因素对空气质量的影响弹性大小在全国、东部省会城市、中部省会城市和西部省会城市均不相同。当然，这只是这四个方面对空气质量影响的一个大致情况，我们会在后面四章对城市经济发展的这四种异质性因素对空气质量的影响进行更为细致深入的分析。

第五章　城市规模对环境空气质量的影响

根据第三章中关于城市经济发展异质性因素对空气质量影响的理论分析和实证研究结论，我们可以知道城市规模因素是城市经济发展的异质性因素中对空气质量影响最大、最显著的一个因素。因此，本章从规模因素开始，与后面三章一起分别分析这些异质性因素对空气质量的影响情况。

在第三章中，我们只是选取了规模因素中的一个变量——人口规模——作为代表来大致分析规模因素对全国省会城市总体上和分区域的空气质量的影响，结论为：人口规模在全国总体和中部省会城市内对空气质量的影响是负向的，而在东部省会城市和西部省会城市内对空气质量的影响是正向的。事实上，除了人口规模变量之外，城市规模还涉及城市经济规模、用地规模等常见的规模变量，本书为了研究城市的经济投资行为与绿化行为对环境空气质量的影响，将资本规模和绿化规模也加入到城市规模与环境关系的分析中来。也就是说，在本章我们增加经济规模、绿化规模、用地规模和资本规模这四个重要的有关城市规模扩张的变量，和人口规模因素一起来分析省会城市规模扩张对空气质量的影响。

为了考察这五个变量对环境空气质量的影响情况，我们沿用之前所使用的动态 GMM 回归方法，将各个变量逐步加入上一章建立的动态 EKC 基准模型当中，来观察城市主要的五个规模变量对空气质量的影响方向和影响程度。在进行实证分析之前，首先来观察一下城市规模在各省会城市的发展现状。

5.1 城市规模的发展现状

随着我国城市化进程的逐步推进，城市规模也在不断扩张。城市规模扩张最突出的表现就是经济规模的增加、人民生活水平的提高；城市人口总量的增加、大城市的出现使得集聚经济更加明显；城市用地规模增加，使得居民和企业不断向城市涌入，以便得到农村所不具有的规模经济效益。过去，各个城市为了追求较高的经济效益，在实现城市规模不断扩张的同时，以牺牲环境为代价。因此，近年来，面对我国城市环境问题的日益突出，城市环保投资规模的增加、绿地规模的扩大，都为城市环境质量的改善做出了贡献。

图 5-1 所示为我国省会城市 2003—2012 年的经济规模变化情况。从时间序列来看，各省会城市的经济规模呈稳步增长态势，在十年间变动幅度不大。但从横截面来看，东部省会城市和中部省会城市的经济规模明显要高于西部省会城市，在图中表现为"东高西低"的发展态势。

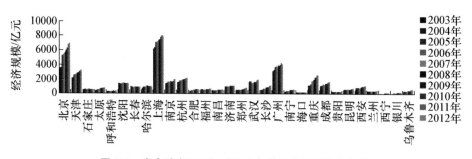

图 5-1 省会城市 2003—2012 年的经济规模变化情况

具体来看，北京、天津、上海和广州这四个城市的经济规模远远领先于其他省会城市，样本期末，它们的经济规模达到峰值，分别为 6893.4 亿元、3199.2 亿元、7929.9 亿元和 4135.2 亿元，其中以上海的经济规模最高，北京次之，广州和天津居第三和第四。这四个城市的经济规模均在 3000 亿元以上。在样本期内峰值达到 2000 亿元～3000 亿元的城市有南京、杭州和重庆，还有武汉在样本期内的峰值基本达到 2000 亿元。其余 22 个省会城市的经济规模峰值都没有达到 1000 亿元，且总体上来看，这些城市中，东部省会城市和中部省会城市的经济规模普遍比西部省会城市的经济规模要高。

从增速上来看，经济规模越高的城市其增速也越快，这可以由图 5-1 中柱形图的变化斜率观察得到。

图 5-2 所示为我国省会城市 2003—2012 年的人口规模变化情况。按照我国城市规模等级划分标准来看，重庆、上海、北京三个城市为超大城市，其总人口数量均超过了 1000 万；天津、沈阳、南京、郑州、武汉、广州、成都、西安八个城市为特大城市，其总人口数量均在 500 万～1000 万，其中，天津的人口规模在 800 万左右，保持稳定增长。从人口规模的变化速度来看，郑州、重庆的人口规模变动较大，增长速度较快。这一方面是因为这两座城市分别为中部和西部地区的枢纽型城市，近几年人口在这两个城市的集中程度越来越高；另一方面，或许是因为这两座城市的人口统计口径发生了较为明显的变动。除郑州和重庆之外，其他城市的人口规模均保持相对稳定的增长速率。从总体上来看，除个别城市在 100 万上下稍有浮动外，大部分省会城市的总人口规模均在 100 万以上，均符合大城市的规模标准；从分布区域来看，京津冀、东北地区、沪杭一带的省会城市人口规模较大，基本在 300 万以上，西部地区尤其是西北地区省会城市的人口规模较小，如西宁和银川两座城市的人口规模在 100 万上下浮动。

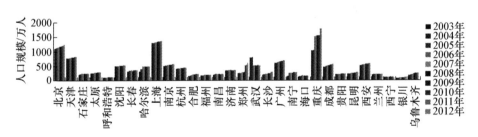

图 5-2　省会城市 2003—2012 年的人口规模变化情况

图 5-3 所示为我国省会城市建成区 2003—2012 年的绿化覆盖面积变化情况，用来反映我国省会城市的绿化规模。从图 5-3 中可以看到，北京市的绿化规模在 2003—2012 年一直保持在 4 万公顷以上，处于全国前列，2009 年开始超过了 6 万公顷。也就是说，为了保证首都的环境质量，北京市这

十年间在城市绿化建设方面做出了很大的努力。其余城市中，除了重庆和广州两个城市在个别年份的绿化规模均超过了 4 万公顷之外，其他城市的绿化规模均在 4 万公顷以下，其中，又以上海、南京、广州、重庆四个城市的绿化建设最为突出。从总体来看，东部省会城市和中部省会城市的绿化规模要大于西部地区省会城市的绿化规模，尤其是银川和西宁两个城市的绿化规模均排在其他城市之后。

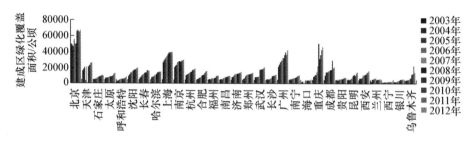

图 5-3　省会城市建成区 2003—2012 年的绿化覆盖面积变化情况

图 5-4 所示为我国省会城市 2003—2012 年的用地规模变化情况。从图 5-4 可以看到，上海的城市建设用地规模在样本期内已经超过了 2000 平方公里，其次是北京的建设用地规模超过了 1000 平方公里，其余城市的建设用地面积均在 1000 平方公里以下。其中又以广州、重庆、武汉、南京和天津五个城市的城市建设用地规模最大，它们在 2003—2012 年的峰值超过了 500 平方公里。从其他城市的用地规模来看，也是呈现出东中部地区高于西部地区的态势。从变动幅度来看，除了个别城市因为政策原因使其建设用地规模出现较大幅度变化之外，大部分城市的城市土地规模是稳步扩展的。

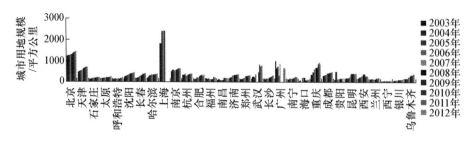

图 5-4　省会城市 2003—2012 年的用地规模变化情况

图 5-5 所示为我国省会城市 2003—2012 年的固定资产投资总额变化情况。总体来看，中部城市的投资规模普遍较高，而西部城市则普遍较低。分城市来看，北京、天津、上海和重庆四个城市的资本规模处于全国前列，它们在 2003—2012 年的峰值均在 4000 亿元以上；沈阳、南京、杭州、武汉、广州、成都和西安七个城市的资本规模峰值均在 2000 亿元～ 4000 亿元，也属于资本规模较大的城市；其余 19 个省会城市中，中部地区省会城市的资本规模明显大于东部地区和西部地区省会城市的资本规模，这说明我国固定资产投资多半投在了中部地区省会城市，这是由中部城市的地理位置决定的。它们既不像东部城市那样具有较高的厂房、原材料等生产成本，也不像西部城市那样远离大规模的消费市场，因而使得中部城市的工业生产得以快速发展，成为连接东部和西部地区的枢纽区域。

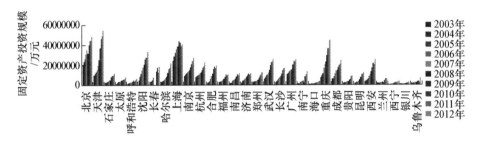

图 5-5 省会城市 2003—2012 年的固定资产投资总额变化情况

5.2 城市规模对环境空气质量影响的理论分析

在做实证分析之前，我们对城市规模扩张中经济规模、人口规模、绿化规模、用地规模和资本规模这五个方面对空气质量的影响路径做一理论分析，以便为后面的实证研究做铺垫。

5.2.1 经济规模对环境空气质量的影响

城市经济规模对空气质量的影响包含两个方面：一方面是城市经济增长在总量上对环境空气质量的影响程度，另一方面是城市经济增长在总量上对环境空气质量的影响方向。观察我们的实际生活可知，大城市出现雾霾的天数要多于中小城市，尤其是以重工业生产为主要经济来源的城市最为严重。谈到经济规模对空气质量的影响，我们很容易想到已经很熟知的EKC模型。根据环境库兹涅茨假说，环境质量开始随着收入增加而退化，收入水平上升到一定程度后又随收入增加而改善，即环境质量与收入为倒U形关系。然而，大量的实证研究表明，EKC模型所描述的EKC曲线在不同区域、不同发展阶段具有不同的曲线形状，我们可以认为：环境质量要么随经济规模的增加而改善，要么随经济规模的增加而恶化，其中的内在原因只能深入分析才能得知。尽管如此，该假说提出的环境与经济关系的研究框架至今仍然被学者们所广泛使用。在EKC模型的变量选取和指标选择方面，有些学者使用人均生产总值来代表经济变量，也有学者用可比价生产总值总量作为经济变量的代理指标，而本书对经济规模的定义就是每个省会城市的可比价地区生产总值。因此，我们在模型中引入经济规模因素的方式有些特殊，即把经济规模作为EKC模型的经济变量引入，并且为了考察用经济规模变量来表示的EKC模型的曲线形状，我们同时引入经济规模变量的一次方项、二次方项和三次方项来做实证研究。环境库兹涅茨假说认为，经济规模与环境压力之间的关系为倒U形，即环境压力先随经济规模的增加而增大，经济发展实现经济结构转型升级之后，环境压力随经济规模的增加而减小。但学者们对这一曲线形状的实证检验结论却因为国家、地域的不同而出现差异。也就是说，经济规模与环境关系并无形成定论。本书认为，城市经济发展过程中经济规模对空气质量的影响情况应该分城市发展阶段的不同而不同。

第一种情况，城市经济发展处于工业化初级阶段，即该城市经济主要以农业生产为主、工业生产和服务业为辅，此时的经济发展对空气质量的影响是正向的，也就是说农业生产没有使空气质量恶化，反倒因为城市各项基础设施和环保工作努力使得空气质量保持良好状态。

第二种情况，城市经济发展处于工业化繁盛阶段，工业生产利用较为便宜的资源、能源进行生产，出现了众多的高污染企业，包括空气质量在内的环境质量均出现了严重的恶化。这一时期，城市经济的发展以牺牲环境为代价，城市经济规模如果在基础设施不完善的情况下盲目跟随"摊大饼"式的城市建设模式，则会对自然环境造成损失。此时粗放的经济发展方式对环境空气质量的影响是负面的。

第三种情况，城市经济发展处于后工业化阶段，经济发展以服务业为主，此时的工业发展处于成熟阶段，工业经济增长缓慢，因此由工业生产带来的环境污染物的排放也大大减少，同时服务业的生产又相对清洁，从而使整个社会的环境质量随着经济增长的同时得到改善。

当然，现实情况可能比上述三种情况更复杂，在以上三个阶段之间可能还有一些过渡阶段，但这并不影响我们的分析。将上述发展阶段的划分放到我国省会城市这一研究对象上来说，当城市经济发展以工业化为主时，空气质量恶化得最快，在工业化初期和后期，空气质量情况最好，这是由工业化生产特有的方式决定的。

5.2.2　人口规模对环境空气质量的影响

城市人口规模即城市地域范围内的人口总量。它作为城市最优规模理论所探讨的对象，已经广泛地被学者们进行研究，但遗憾的是，和 EKC 模型的曲线形状一样，有关最优城市规模的大小并没有一个固定不变的结论。人口作为城市中最为活跃的要素，它不仅代表着城市经济发展最重要的生产力，也是城市环境质量最直接的受益者。因此，在研究城市经济发展对环境空气质量的影响时，我们不得不考虑人口规模因素。纵观我国城市的历史发展，人口规模因为战争、土地收成、户籍制度和人口流动政策等因素在不断地发生变化。作为生产和生活的主体，人口在城市集中，就会使生产资料和生活资料的生产活动也随其迁移到城市，从而使这些生产活动有破坏环境抑或保护环境的可能。

有些学者认为人口规模的增加并不是环境恶化的原因，据此我们也可以认为人口规模的增加会改善城市空气质量。得出这样的结论是因为在其他一些学者的研究中我们看到，大城市的空气质量比中等城市的空气质量要好，所以认为人口规模的增加有助于空气质量的改善。究其深层原因，就是大城市的经济发展水平较高，城市居民接受教育的时间长、文化程度高，因此他们有着较强的环保意识，这种环保意识带来的居民对环境保护工作做出的贡献，不仅弥补了人口规模增长导致的环境恶化，甚至对环境质量的改善起到了促进作用。

另一些学者认为人口规模的增加将导致城市环境质量的恶化。综合来看这些学者的研究成果，我们不难发现，他们所研究的城市要么处于工业化繁盛阶段，要么处于环境承载能力超负荷的阶段，城市生产中的重工业比例较高，人口规模也已经远远超过了最优的城市规模。我们也可以认为，人口规模的增加是以参与高比例的重工业化生产和加重环境承载压力为代价的，由此导致环境空气质量下降也是在所难免。

综上所述，人口规模的增加对环境空气质量的影响，不能单纯从人口数量的增加方面来分析，而应该结合人口所参与的生产活动类型及人口所在城市现有的环境承载能力综合来考虑人口规模的环境效应。

5.2.3 绿化规模对环境空气质量的影响

除了经济规模、人口规模等有关人类生产和生活的社会因素之外，对环境空气质量有显著影响的有关自然环境的活动当属城市的绿化建设。这是因为，绿地或自然用地对环境空气质量具有净化的能力。就我国城市绿地系统的建设而言，20世纪50年代以后，随着城市化步伐的加快，城市人口规模不断增加，我国大型城市绿化带的建设也随之增加，这些绿化带建设一方面遏制了城市向郊区无限度蔓延，引导城市实现有序扩张，从而间接地减少了城市经济行为对郊区环境带来的危害；另一方面，城市绿化建设直接地对城市环境的改善起到了不可小觑的促进作用。在绿化规模对环境影响的正向作用方面，大多数学者都达成了共识，因为这是一项常见而较容易实施的、将环境恶化防患于未然的环境保护工作，这也是为什么有些地处我国东南沿海的大城市虽然工业化很发达，但其环境却很好的原因之一，即适宜植被生长的温暖湿润气候在这些大城市形成了较大的绿化建设规模，从而使得城市的环境自净能力很强，城市自然环境也就可以保持在比较良好的状态。

目前，由我国官方统计的绿化建设数据有：建成区绿化覆盖面积、建成区绿化覆盖率、人均绿地面积、公共绿地面积和园林绿地面积五个指标。从规模角度来讲，"面积"指标要比"比例"指标更具有代表性，再加上从数据统计口径准确、清晰和数据完整性考虑，我们在后面的实证分析中，选择建成区绿化覆盖面积为绿化规模的代理变量。

5.2.4 用地规模对环境空气质量的影响

用地规模对空气质量的影响主要和城市土地上各功能区域的布局有关：如果城市中重工业生产用地规模大且离市区较近，那么城市空气质量很有可能趋于恶化；如果城市中大部分用地用于居民楼、写字楼等带来较小污染的场所，而工业生产处于地域开阔且通风较好的郊区，那么该城市的空气质量很可能会保持良好的状态。

另外，城市总体用地规模的大小也影响着空气质量，较大的城市总体用地规模，意味着城市整体空间的拓宽，城市也就会相应地拥有更多的资源，从而使城市整体上的环境承载能力增强，这就可以减缓城市空气质量恶化的速度和恶化后恢复的速度。

5.2.5 资本规模对环境空气质量的影响

城市的资本规模作为衡量一个城市总体资金实力的指标，决定着城市在环境保护和环境治理工作中投入资金的多少，也就是说较为富裕的城市比较不富裕的城市有更多的资金可以为环境改善而服务。另外，资本规模也可以反映城市经济实力。马斯洛的需求层次理论指出，人只有在满足了较低层次的需求之后才会去考虑满足较高层次的需求，而环境质量作为比吃穿住行较高级的需求，只有在人们的经济条件达到一定实力、满足了基本的需求之后，才会成为城市居民关注的对象。所以说，资本规模较大的城市，一方面可能处于较先进的清洁生产阶段，另一方面又有实力也有意愿去改善环境质量，从而满足居民对生活环境的需求。而资本规模较小的城市，一方面还在将更多的资本投资在高环境污染、高企业收益的工业生产上，另一方面也没有实力和精力去顾及城市环境质量的改善。因此，从理论上讲，单纯从资本规模角度来看，城市资本规模越大，越有利于城市环境空气质量的改善。

5.3 城市规模与环境空气质量关系模型的建立与拓展

为了研究城市规模扩张带来的经济、人口及其他社会因素的变动对空气质量的影响，本书提出如下假设和模型。

假设 1：城市经济规模扩大导致空气质量先改善后恶化再改善，曲线形状呈 N 形，对应为 EKC 模型的曲线形状为倒 N 形，故建立如下基准模型：

$$\ln day_{it} = \beta_0 + \beta_1 \ln ecoscale_{it} + \beta_2 (\ln ecoscale_{it})^2 + \\ \beta_3 (\ln ecoscale_{it})^3 + \beta X_{it} + \varepsilon_{it} \tag{1}$$

式中，day 为空气质量；ecoscale 为城市经济规模，X 为控制变量。根据前文的文献回顾可知，城市经济规模与空气质量之间的关系曲线有 N 形、倒 N 形、U 形、倒 U 形以及线性增加或者线性减少，故对 β_1、β_2、β_3 的符号我们不能预先确定。

假设 2：城市规模扩张带来的人口规模的扩大导致生活污染物的增加、空气质量的恶化，而绿化规模的扩大会使空气质量得到改善，故将上述模型拓展为如下模型：

$$\ln day_{it} = \beta_0 + \beta_1 \ln ecoscale_{it} + \beta_2 (\ln ecoscale_{it})^2 + \beta_3 (\ln ecoscale_{it})^3 + \\ \beta_4 \ln popscale_{it} + \beta_5 \ln greenscale_{it} + \beta X_{it} + \varepsilon_{it} \tag{2}$$

式中，popscale 为城市人口规模，greenscale 为城市绿化规模，X 为控制变量。根据前文的文献回顾可知，城市人口规模对空气质量的影响方向取决于人口的年龄结构、城乡结构、文化结构等因素的综合作用结果，因此，我们

不确定 β_4 的符号是正还是负；按照常识来看，城市绿化规模的扩大势必会改善空气质量，但是由于在城市绿化规模扩大的同时，是不是工业生产和人民生活所排放的污染气体也在增加，而使得绿化规模扩大带来的改善作用微乎其微，因此预测其系数 β_5 虽然可能比较小，但至少是正的。

假设 3：城市用地规模作为城市规模研究中最常见的规模变量之一，其变动也对空气质量的变动起到了一定的作用，故有拓展模型如下：

$$\ln day_{it} = \beta_0 + \beta_1 \ln ecoscale_{it} + \beta_2 (\ln ecoscale_{it})^2 + \beta_3 (\ln ecoscale_{it})^3 + \beta_4 \ln popscale_{it} + \beta_5 \ln greenscale_{it} + \beta_6 \ln landscale_{it} + \beta X_{it} + \varepsilon_{it} \qquad (3)$$

式中，landscale 为城市用地规模。城市用地规模的扩大，一方面会相应地增加一定面积的绿地建设；另一方面，城市土地向外延伸的同时可以通过面积的拓宽和山丘的改造而使城市通风状况好于以往，从而即使不减少污染物也使其扩散能力增强、密度减小，达到空气质量改善的效果，因此预期该项的系数 β_6 为正。

假设 4：如果固定资产投资结构合理，那么城市资本规模的增加应该不会明显恶化该城市的空气质量，除非其投资方向明显为重污染高耗能企业。所以，我们将（3）式拓展为以下形式：

$$\ln day_{it} = \beta_0 + \beta_1 \ln ecoscale_{it} + \beta_2 (\ln ecoscale_{it})^2 + \beta_3 (\ln ecoscale_{it})^3 + \beta_4 \ln popscale_{it} + \beta_5 \ln greenscale_{it} + \beta_6 \ln landscale_{it} + \beta_7 \ln capscale_{it} + \beta X_{it} + \varepsilon_{it} \qquad (4)$$

式中，capscale 为资本规模。城市资本规模即城市吸引内外商投资的规模，代表其经济的发展潜力和对生产者的吸引能力，那么较强的经济发展潜力和引资能力对空气质量的影响该是怎样的呢？一般情况下，我们认为正常的资本规模的增加不会明显地改善或者恶化空气质量：改善不明显是因为企业提高废气清洁程度是需要支付成本的，其没有足够的动力去较大地改善空气这一"外部"因素；恶化不明显是因为企业的投资方向和结构还受到环保标准和地方政府的环保政策的限制，使其投资结构合理，不至于严重破坏当地的空气质量。所以，预期该项变量的系数不论为正数还是负数，都不会太大。

从第三章中我们已经知道，空气质量的当期值会受到前一期的影响，也就是说空气质量的变化具有动态效应，因此，我们也应当在拓展模型（4）的基础上加入滞后项以期反映该模型的动态属性，在通过多次试验后发现将被解释变量的二阶滞后项作为工具变量并将其一阶滞后项作为解释变量加入模型中是较为合适的（即通过 Sargan 检验和 Hansen J 检验）。

假设 5：以上关系中存在着动态效应，故上述拓展模型的动态形式为

$$
\begin{aligned}
\ln day_{it} = {} & \beta_0 + \delta \ln day_{i,t-1} + \beta_1 \ln ecoscale_{it} + \beta_2 (\ln ecoscale_{it})^2 + \\
& \beta_3 (\ln ecoscale_{it})^3 + \beta_4 \ln popscale_{it} + \beta_5 \ln greenscale_{it} + \\
& \beta_6 \ln landscale_{it} + \beta_7 \ln capscale_{it} + \varepsilon_{it}
\end{aligned} \tag{5}
$$

在拓展模型及其动态形式中，为避免出现异方差，对所有非百分数的数据均取自然对数，而对于百分数取对数后没有经济意义，故保留其原值引入模型。

5.4 变量选取与数据处理

5.4.1 经济规模

为了衡量城市经济规模与环境空气质量的关系，本书选取各城市的生产总值来作为经济规模变量的代理变量，这与大多数学者的选择是一致的。由于本研究的时间跨度为 2003—2012 年，故我们将本节及下面所有章节涉及金额的数据都进行了相应的平减，以使其具有时间和空间上的可比性。具体来讲，2003—2012 年各城市的生产总值数据均用各城市的生产总值指数做了平减，使其转化为以 2003 年为基期的可比价生产总值。在生产总值指数的处理上，将各年环比指数全部转换为以 2003 年为基期的定基指数，然后进行计算可比价生产总值。

另外，在下文中分城市经济规模不同进行动态回归时，我们对城市经济规模分成了两组，即以期末（2012 年）平均值为界限，将 30 个城市分成经济规模大于期末平均值组和小于期末平均值组，并分别进行动态 GMM 回归，以期观察不同经济规模的城市其空气质量与城市规模的关系有何不同。

5.4.2　人口规模

现有文献大多采用年末总人口数来表征人口规模，本书也参照此方法选取年末总人口数来代表人口规模。按照我国最新的划分标准，城市规模有五个等级：小城市、中等城市、大城市、特大城市和超大城市。但这种划分方法在做动态回归时容易出现奇异矩阵而导致方程无解，因此，本书将中等城市和大城市归为大中城市组，将特大城市和超大城市归为特大城市组，并将两组城市的城市规模对空气质量的影响做一比较分析。

5.4.3　绿化规模

用各城市的建成区绿化覆盖面积来代表绿化规模，来考察市民和城市相关部门的绿化行为能在多大程度上改善城市的空气质量。在选取绿化规模的代理指标时，发现还有公共绿地、公园绿地、城市建设绿地及人均公共绿地等数据可供使用，但这些数据在统计口径、数据可得性、完整性上都没有建成区绿化覆盖面积这一指标好，故我们只保留这一指标作为绿化规模的代理变量。

5.4.4　用地规模

用地规模指标实际上也是衡量城市空间规模的指标，我们用建成区土地面积来衡量城市的用地规模，将其加入分析模型中，用以考察用地规模或者说是城市的空间规模对环境空气质量的影响方向与影响程度。

5.4.5 资本规模

本书选取各城市每年的固定资产投资总额作为城市资本规模的代理变量，考察固定资产投资总额的变化对环境空气质量变化的影响。上述各个变量代表的是城市经济发展中规模因素的不同方面，在研究这些规模变量对环境空气质量的影响之前，我们列出了有关城市规模变量的名称、数据来源及其描述性统计。表 5-1 为变量说明与数据来源，表 5-2 为变量的描述性统计。

表 5-1   变量说明与数据来源

变量名称及标识	指标（单位）	数据来源
空气质量（day）	空气质量达到及好于二级的天数（天）	中国统计年鉴
经济规模（ecoscale）	可比价生产总值（亿元）	中国经济与社会发展统计数据库
人口规模（popscale）	年末总人口数（万人）	中经网数据库
资本规模（capscale）	固定资产投资总额（万元）	中经网数据库
用地规模（landscale）	城市建设用地面积（平方公里）	中经网数据库
绿化规模（greenscale）	建成区绿化覆盖面积（公顷）	中经网数据库

表 5-2   变量的描述性统计

变量标识	均值	标准差	最小值	最大值	观测数	假设预期
day	310.75	37.15	181	366	300	—
ecoscale	1374.06	1605.85	95.36	8108.50	300	不确定
popscale	428.57	345.10	71.82	1779.10	299	不确定
capscale	11458198	11059059	538413	55331615	298	不确定
landscale	372.64	375.41	49.00	2429	289	正向
greenscale	13456.90	11883.27	1520.00	65470	298	正向

5.5　实证结果及其分析

观察城市发展的历史我们可以看到，城市规模的扩张不仅是指城市土地范围的拓展，还有城市土地范围内经济总量的增长和人口的增加，以及城市对各方投资的吸引，也就是说，我们在讨论城市规模对环境空气质量的影响时，也要从这些具体的方面来深入分析到底是城市规模扩张的哪一环节、哪一因素对环境空气质量的影响最为重要、最为深刻。

由于我们的研究是在 EKC 模型框架下完成的，故我们将城市经济变量与空气质量的关系作为我们的研究基础。而从学者们历来的研究可以看到，城市人口规模是城市规模的最主要因素，是城市经济增长、城市土地拓宽的主要动力，故我们将人口因素放在经济变量之后，作为 EKC 模型基础上的第一个关键变量；绿化规模作为影响空气质量的更为直接的因素，被放置于学者们一致认为的仅次于经济和人口因素之后，用地规模之前；资本规模被放置于用地规模之后，作为最后一个规模变量进行探索性研究。

根据上述的引入次序，我们来实证分析各规模变量对空气质量的影响情况。

5.5.1　总体动态 GMM 回归

表 5-3 是总体动态 GMM 回归的估计结果，通过逐步加入控制变量的方法观察各规模变量对空气质量的作用大小及其显著性。

表 5-3　总体动态 GMM 回归估计结果

解释变量	基准模型 动态 GMM（1）	拓展模型 动态 GMM（2）	拓展模型 动态 GMM（3）	拓展模型 动态 GMM（4）	拓展模型 动态 GMM（5）
ln day $_{(-1)}$	0.317763*** （0.0000）	0.319071*** （0.0000）	0.252214*** （0.0000）	0.214708*** （0.0000）	0.202670*** （0.0000）
ln ecoscale	6.239506*** （0.0000）	8.567840*** （0.0006）	10.16091*** （0.0000）	8.853572*** （0.0000）	6.783011** （0.0160）

续表

解释变量	基准模型 动态 GMM（1）	拓展模型 动态 GMM（2）	拓展模型 动态 GMM（3）	拓展模型 动态 GMM（4）	拓展模型 动态 GMM（5）
$\ln^2$ ecoscale	−0.956177*** （0.0000）	−1.359124*** （0.0006）	−1.674056*** （0.0000）	−1.430622*** （0.0000）	−1.103465** （0.0132）
$\ln^3$ ecoscale	0.049404*** （0.0000）	0.072854*** （0.0004）	0.091194*** （0.0000）	0.077135*** （0.0000）	0.060185*** （0.0094）
ln popscale		−0.285982*** （0.0000）	−0.329126*** （0.0000）	−0.212450*** （0.0000）	−0.244161*** （0.0000）
ln greenscale			0.053546*** （0.0000）	0.080689*** （0.0000）	0.090961*** （0.0000）
ln landscale				−0.064123*** （0.0000）	−0.033536 （0.1471）
ln capscale					−0.010733 （0.2199）
J−statistic	26.09837	27.75496	17.98195	22.40471	19.99297
Sargan	0.457708	0.319257	0.803883	0.495945	0.583480
样本量	240	239	237	227	225
形状	N 形	N 形	N 形	N 形	N 形
对应 EKC 模型的曲线形状	倒 N 形	倒 N 形	倒 N 形	倒 N 形	倒 N 形

注：**、*** 分别表示在 5%、1% 的显著性水平上显著；括号内为 p 值。

表 5-3 中，"基准模型动态 GMM（1）"列是对基准模型即 EKC 模型的动态估计，结果显示 EKC 模型存在并且其曲线形状呈倒 N 形，其滞后项的系数也很显著，表明 EKC 模型有着 1% 水平上的动态显著性。

"拓展模型动态 GMM（2）"列是在动态的 EKC 模型基础上加入人口规

模变量进行回归。结果表明，人口规模每扩大1%，空气质量下降0.28%。这说明人口规模的综合作用是负向的，且这种影响在1%的水平上显著。这一结果与部分学者的观点是相同的，即虽然人口向城市的集中使更多的人参与环保行列，但人口年龄结构、教育结构等因素的不同均会导致人口素质的差异，从而使公众的环保意识与环保行为也出现差异，这就难免会出现人口总量增加却导致空气质量恶化的情形；另外，人口规模的扩大增加了生活污染气体的排放，刺激了城市生活资料的生产，从而使相关的工业排放增加。相关部门需要运用人口流动政策及其他相关政策促使人口不要过多地集中在城市，使城市人口规模保持在适当的范围，以免超过城市的环境承载能力。

"拓展模型动态GMM（3）"列考察了城市绿化规模的增加是否对空气质量起到显著的影响。根据回归结果来看，城市绿化规模的增加确实对空气质量的改善有着显著的正向作用。具体来讲，绿化规模每增加1%，城市空气质量改善0.05%。与人口规模对空气质量的改善作用相比，绿化规模的作用虽然没有人口规模的作用大，但其正向的作用可以成为相关部门通过加强城市绿化投资与绿化建设来改善空气质量的政策选择依据。

"拓展模型动态GMM（4）"列是在以上变量的基础上加入用地规模的对数进行回归，其结果显示，同人口规模和绿化规模一样，用地规模也显著影响着城市的空气质量。另外，用地规模变量的系数为负，说明用地规模的增加会恶化空气质量。从其绝对值大小来看，用地规模每增加1%，空气质量恶化大约0.06%。这个估计结果与我们的预期不相符，这或许是因为我们忽略了一个重要原因，即伴随着城市用地规模增加的往往是城市经济、人口、企业等总量上的增加。因此，单纯的用地规模增加所带来的对空气污染物的稀释和通风条件的改良等正向作用，都只能在假定其他关键变量都不发生变化的情况下才会出现。也就是说，我们的预期只单纯地考虑了城市用地规模增加所带来的变化，而没有考虑土地上附着的居民和企业、生活污染物和生产污染物的增加，因此才会高估用地规模增加所能带来的空气质量改善效果。

"拓展模型动态 GMM（5）"列是在"拓展模型动态 GMM（4）"列回归的基础上加入资本规模的对数进行回归分析，用来检验固定资产投资规模的增加对空气质量的影响。结果显示资本规模变量的系数不显著，并且其值约为 –0.01。也就是说，固定资产投资每增加 1%，空气质量就恶化 0.01%。出现这样的结果，可能与固定资产投资的结构与方向有关：我国省会城市的固定资产投资总体上还是投在了偏重高污染、高排放的生产企业，这源于我国环境规制力度不强导致的企业污染成本相对较低的事实。

上述过程中，每加入一个变量，之前变量的系数符号均保持不变，系数的绝对值大小也没有发生太大的变化，故模型选择保留所有规模变量并进行下面的分组回归。

5.5.2 城市分不同规模的动态 GMM 回归

在前面总体回归的基础上，我们将城市分别按不同经济规模和不同人口规模分成两组。具体来讲，经济规模的分组是以 2003 年为基期的可比价生产总值在期末按照高于平均值和低于平均值划分为两组，我们也可以将两组城市分别称为较富裕的城市和较不富裕的城市，或者称为发达城市和不发达城市；人口规模的分组是按照我国最新的城市规模等级的划分方法，将城市划分为特大城市组和大中城市组，如表 5-4 所示。

在表 5-4 所示的划分基础上，我们按照拓展模型动态 GMM（5）对不同的分组进行动态面板 GMM 回归，得到如表 5-5 所示的回归结果。

表 5-4　分组回归的城市划分方法

划分对象	指标	划分依据	分组	城市个数
城市规模	经济规模	可比价生产总值（2003 年 =100）	高于平均值	13
			低于平均值	17
	人口规模	2012 年年末非农业人口数	特大城市	10
			大中城市	20

注：对 2012 年数据缺失的城市，用前三年数据的平均值代替。

　　先来看表 5-5 中按经济规模分组回归的结果，不难发现不论是高于平均值组还是低于平均值组，模型的动态效应都是显著为正的，这说明空气质量确实存在时间上的动态效应，在模型中加入动态效应是合理的。但观察 EKC 模型的曲线形状时发现，两组 EKC 模型的曲线形状各有不同：高于期末平均值组的曲线形状为 N 形，这与总体回归结果相反；低于期末平均值组的曲线形状为倒 N 形，与总体回归结果一致。这样的结果之所以出现，或许有以下两个原因：首先，从数据统计角度来看，这样的结果和数据个数有关，低于平均值组的城市个数较多，其结果也就与总体回归结果更为相似，而高于平均值组的城市个数较少，其结果容易出现与总体结果的不一致。其次，从实际意义上讲，由于高于平均值组的城市和低于平均值组的城市处于不同的发展阶段，因此两组样本期内的数据处于 EKC 模型曲线上不同的位置，从而使经济规模与空气质量的关系呈现出不同态势。两组数据在人口规模和绿化规模对空气质量的影响方向是一致的，都表现出人口规模对空气质量的负向作用和绿化规模对空气质量的正向作用，这也与总体回归结果的方向是一致的。但是这两个规模变量的系数绝对值大小与总体不尽相同：人口规模的系数绝对值均小于总体回归结果，表明分组来看时人口规模对空气质量的影响会变小；就绿化规模的系数绝对值而言，高于平均值组要低于总体回归结果，而低于平均值组要高于总体回归结果。出现这些结果的一部分原因或许还是要归结于统计数据个数，另一部分原因可能要归结于，在相同的绿化规模增加的期间，高于平均值组更容易也更多地受到了工业生产和人民生活等排放废气增加而产生的对绿化作用的抵消。用地规模对空气质量的影响在两组内也是有差异，高于平均值组为正，低于平均值组为负，并与总体一致。这说明高于平均值组的城市其人口密度太高，适当地扩大建成区的土地面积有助于改善空气质量，而低于平均值组的城市应当在拓宽城市腹地发展经济的同时，没有较好地限制重污染企业在其所辖土地范围内的投资和迁入。从资本规模对空气质量的影响来看，高于平均值组在方向和系数的绝对值大小上均和总体保持一致，而低于平均值组却出现了和总体不一致的结果。这或许是因为高于平均值组的城市大多为较富裕的城市，相较于经济较为落后的低平均值组城市而言，其投资方向和投资数量与全国总体的投资方向与投资数量更为接近。

表 5-5　城市分规模动态 GMM 回归结果

解释变量	经济规模		人口规模	
	高于期末平均值	低于期末平均值	特大城市	大中城市
ln day $_{(-1)}$	0.432491***	0.101442***	0.489217***	0.032645
	（0.0002）	（0.0003）	（0.0000）	（0.7476）
ln ecoscale	−30.27468**	23.88839**	−17.15468**	21.32134*
	（0.0136）	（0.0106）	（0.0456）	（0.0676）
$\ln^2$ ecoscale	3.842472**	−3.923793***	2.231281**	−3.565698*
	（0.0102）	（0.0094）	（0.0441）	（0.0593）
$\ln^3$ ecoscale	−0.160965***	0.214424***	−0.095310**	0.197873*
	（0.0081）	（0.0078）	（0.0437）	（0.0513）
ln popscale	−0.008272	−0.090591	−0.046063	−0.194515**
	（0.9363）	（0.2457）	（0.8241）	（0.0301）
ln greenscale	0.009653	0.126546***	0.006525	0.124836**
	（0.4371）	（0.0024）	（0.5898）	（0.0443）
ln landscale	0.088302	−0.116670**	0.038546	−0.131531
	（0.1495）	（0.0116）	（0.3154）	（0.1116）
ln capscale	−0.033461	0.005142	−0.021024	0.035563
	（0.2784）	（0.8626）	（0.1638）	（0.2255）
J−statistic	25.23823	14.79336	24.29375	17.58320
Sargan	0.392909	0.320430	0.559173	0.936164
样本量	62	163	70	155
形状	倒 N 形	N 形	倒 N 形	N 形
对应 EKC 模型的曲线形状	N 形	倒 N 形	N 形	倒 N 形

注：*、**、*** 分别表示在 10%、5%、1% 的显著性水平上显著；括号内为 p 值。

再来看表 5-5 中按人口规模分组回归的结果。EKC 模型曲线的显著性在特大城市和大中城市分别在 5% 和 10% 的显著性水平上显著，再一次印证了用可比价生产总值来描述 EKC 模型曲线是合理的；就曲线形状而言，特大城市呈 N 形，大中城市呈倒 N 形，可能两组城市还是由于发展阶段和城市个数的原因与总体存在着不同或者相同的态势。人口规模变量的系数还是为负，说明人口规模的扩大的确不利于城市空气质量的改善，这与我们有目共睹的现实也是契合的，大多数空气质量不好的省会城市同时也有着较大的人口规模，这是一个人口规模对空气质量的必要非充分条件，即人口规模大确实对空气不利，但不一定人口多的城市就一定空气质量差。因此，城市在做环境保护工作时，不应一味地控制人口，应当从多方面协调发展，使人口规模的扩大为城市的发展带来更多的正效应。

相较特大城市而言，城市绿化规模对空气质量的影响在大中城市更显著、更强烈，表现在数据上为：特大城市该项系数约为 0.0065，大中城市约为 0.1248；按比例来讲的话，绿化规模每增加 1%，特大城市的空气质量就好转 0.65%，而大中城市则能好转 12.48%。这可能与特大城市和大中城市的发展阶段和发展模式有关。另外，从特大城市和大中城市所涵盖的城市来看，很明显大中城市包含更多的以工业为主要支柱产业的城市，其污染程度更为突出。也就是说，大中城市的污染基数大，在扩大绿化规模、改善空气质量时，其边际效应也比较明显；而特大城市多半已经是集约化发展，生产方式开始注重清洁化生产，其扩大绿化规模带来的边际效应也就相对小一些。

同样，我们也可以对余下的两项规模——用地规模和资本规模的系数绝对值用边际理论分析其含义。从表 5-5 中可以看出，用地规模的扩大使特大城市的空气质量有较小的改善，其系数约为 0.0385；而用地规模的扩大却使大中城市的空气质量有相对较大的恶化，其系数绝对值约为 0.1315。用边际意义来解释，这是因为特大城市的污染基数大，其系数绝对值也就小于大中城市对应的系数绝对值；但就其系数的符号来说，特大城市的符号符合我们的预期。也就是说在特大城市中增加用地规模较少地受到其他因素的影响而呈现出正效应。但大中城市和总体一样，较多地受到诸如城市重污染行业随土地的拓宽而增加等因素的影响使用地规模没能单纯地实现对空气质量改善的目的。资本规模的扩大对空气质量的改善作用在绝对值上表现为：特大城市要小于大中城市。从边际意义上讲，资本规模在特大城市已存在较大的基数，故其增加的对空气质量的边际效应没有大中城市那么多；大中城市之所以出现资本规模增加而空气质量恶化的现象，可能还要从投资结构和投资方向等深层次原因去寻找解释。在后面的章节中我们会谈到投资结构的问题，看是否能从那里找到合理的解释。当然，统计数据个数和城市发展阶段等原因依然对这两组数据之间出现的这些差异具备一定的解释力：较大比例的资本集中在特大城市，故特大城市在资本规模系数上与总体保持一致；较大比例的用地集中在大中城市，故大中城市在用地规模系数上与总体保持一致。

5.6 本章小结

本章为了探究城市规模扩张对空气质量的影响情况，选择城市规模扩张中的五个关键因素来分析城市经济增长对空气质量影响的规模效应，这五个因素为：经济规模、人口规模、绿化规模、用地规模和资本规模。

总体来看，城市经济规模与空气质量的关系符合 EKC 模型的曲线形状，虽形状为 N 形、倒 N 形不一，但均可以归结为近年来 EKC 模型的曲线形状的一种，符合学者们对 EKC 模型曲线的既有研究结论。城市人口规模对空气质量的影响在基准模型和拓展模型中均为负向的，即本研究结果显示城市人口规模的扩张对空气质量的改善不利，应当对城市人口规模的扩张加以限制。绿化规模对空气质量的影响正如我们的预期一样是正向的，且其作用均在 1% 的水平上显著，虽然其作用可能比较小，但仍然可以作为相关部门在日后改善空气质量时的动力与行动方向。与我们的预期背离的是，用地规模的扩张对空气质量不仅没有起到稀释、疏通的作用，反而因为受到其他未考虑到的因素的综合作用而使空气质量恶化，这样的结果提醒相关部门在拓宽城市土地规模时，应对新迁入的产业进行合理布局，不要一味追求高生产总值而引进高污染企业，应当在经济收益与环境收益之间做出权衡，避免"大城市病"的出现。资本规模的增加带来的也是空气质量的恶化，说明从全国总体来看，固定资产投资结构还不甚合理，应当调整投资结构与比例，适当增加清洁能源的使用、加强废气的无害化处理和再利用，以使每一笔投资不仅得到经济利益的最大化，也能得到环境效益的最大化。

从经济规模对空气质量的影响来看，较富裕的城市和较不富裕的城市在人口规模和绿化规模对空气质量的影响方向上是一致的，都表现出人口规模对空气质量的负向作用和绿化规模对空气质量的正向作用。用地规模对空气质量的影响在较富裕的城市和较不富裕的城市是有差异的：较富裕的城市用地规模增加，空气质量便随之改善；而较不富裕的城市用地规模增加，空气质量一般出现恶化。这可能是由于较富裕的城市和较不富裕的城市在扩大土地规模时对土地的利用方式有很大不同：较富裕城市可能更注重清洁生产，将土地用来引进更多的清洁生产企业；较不富裕城市的新增用地可能更多地用来引进高污染、高收益的重污染企业。从资本规模对空气质量的影响来看，较富裕城市和全国总体保持一致，较不富裕城市却出现了和全国总体不一致的结果。

从人口规模来看，人口规模的扩大不利于城市空气质量的改善。绿化规模对空气质量的影响在大中城市的作用要比在特大城市更显著也更大一些。用地规模的扩大使特大城市的空气质量有较小的改善，而使大中城市的空气质量有相对较大的恶化。资本规模的扩大对特大城市空气质量的改善作用要小于大中城市，其原因可以用边际效应原理、投资结构和方向等方面进行解释。

结合省会城市经济发展的现实来看：首先，我国省会城市中的特大城市和部分大城市通过实施人口流动政策来控制人口规模，以防出现交通拥挤和环境恶化等"大城市病"，这同本书研究得出的结果是呼应的；其次，目前我国大部分省会城市通过实行扩张用地规模和增加资本规模等政策来发展城市经济，这样的政策对环境空气质量的影响因城市不同而各异，这也同本章的研究结果是一致的，若使用地规模和资本规模的扩张为环境空气质量的改善起到正向作用，则需要注重新增城市用地的合理布局，以及资本的投向倾向于清洁化生产领域；再次，近年来，我国省会城市均在绿化建设上加大投资以提高人民生活环境质量，这印证了本章所得到的绿化规模有助于环境空气质量改善的研究结论。

第六章　城市集聚对环境空气质量的影响

在上一章我们讨论了城市规模扩张对空气质量的影响，在这一章，我们来看看城市集聚对空气质量的影响情况。在既有的文献中，城市集聚现象更多的是以其正外部效应而受到学者们的广泛关注，如产业集聚带来的资源共享、人口集聚带来的交易费用降低及资本集聚带来的资源使用效率提高等。但是，城市集聚也具有负外部性，如重工业的过度集聚可能会导致效率的损失和严重的环境污染，人口的过度集中可能会造成城市土地承载能力的超负荷以及严重的"拥挤效应"。目前，我国城市化率逐步提高，大气污染也日益严重，一方面，集聚会促进地区经济增长和产能扩张，产生更多的污染；另一方面，集聚可以提高地区的劳动生产率，促进地区居民收入和财政收入的提高，居民可能会有更高的居住环境要求，从而迫使政府采取更加严格的环境规制，增加环保治理投入，环境有可能得到改善。那么，对于我国省会城市而言，集聚到底是改善了空气质量还是恶化了空气质量呢？我们有必要就这一问题进行理论探讨和实证分析。

6.1　城市集聚的发展现状

在城市集聚要素中，我们首先从城市经济总体上的集聚度来分析，用地均生产总值来衡量经济集聚度。图 6-1 所示为 30 个省会城市经济集聚度在 2003—2012 年间的变化情况（横轴是城市名称，是按统计年鉴上省会城市顺序排序的，依次是：北京、天津、石家庄、太原、呼和浩特、沈阳、长春、哈尔滨、上海、南京、杭州、合肥、福州、南昌、济南、郑州、武汉、长沙、广州、南宁、海口、重庆、成都、贵阳、昆明、西安、兰州、西宁、银川、乌鲁木齐，为了排版清晰，图中横坐标只标明了北京、石家庄、呼和浩特、银川等排序为奇数的城市，没有标明其他城市，但图中折线图是根据 30 个省会城市的数据绘制而成；下文中的横坐标显示也作同样处理）。从图 6-1 中可以看到，石家庄、上海、合肥、南昌、郑州、长沙、广州和成都等城市具有较高的经济集聚度，也就是说，这些城市每平方公里土地上的经济产出要高于其他省会城市，其中，石家庄的地均产出值最高，每平方公里城市土地面积上的地区生产总值在 4 亿元到 6 亿元之间，是省会城市中经济集聚度最高的城市；上海、合肥、南昌、郑州、长沙、广州和成都等城市的地均产出值在 2 亿元到 4 亿元之间，且在样本期期末时，上海和合肥的经济集聚度接近 4 亿元 / 平方公里。其他省会城市每平方公里城市土地面积上的地区生产总值在 2 亿元以下，属于经济集聚度较低的城市。从变动幅度来看，经济集聚度较高的城市同时也是经济集聚度变动幅度较大的城市。这说明，地均产出越高的城市越容易形成集聚效应，从而吸引企业进一步投资，进而使该城市的经济集聚度进一步增强，经济集聚和经济发展形成了一个良好的循环。

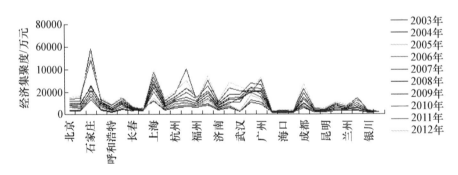

图 6-1　省会城市 2003—2012 年经济集聚度情况

其次，我们观察一下省会城市人口集聚度在 2003—2012 年间的变化情况。如图 6-2 所示，从总体来看，省会城市的人口集聚度在 2003—2012 年间变动幅度大小不一，除了福州、济南和海口三个城市在个别年份的数据存在缺失从而表现出异常变动外，多数省会城市的人口集聚度变动幅度

在 0.5 万人 / 平方公里左右，基本呈稳步增长，个别省会城市如上海、南
昌、武汉、海口、兰州和西宁的人口集聚度变动幅度在 0.5 万人 / 平方公
里～ 1.5 万人 / 平方公里，人口集聚度增加的速度较快。

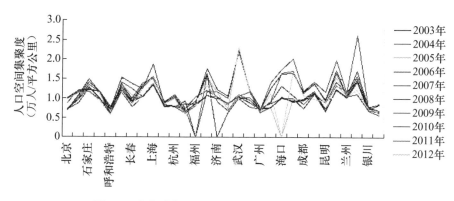

图 6-2　省会城市 2003—2012 年人口集聚度变化情况

　　再次，产业集聚度作为集聚因素中的重要变量，在样本期内也发生着
一些变化，如图 6-3 所示。从样本期内各省会城市的产业集聚度发展的峰
值来看，上海的产业集聚度在全国居于首位，其城市地域范围内每平方公
里土地上有 3 ～ 4 个企业，每平方公里城市土地面积上有 2 ～ 3 个企业数
的城市也只有杭州，每平方公里城市土地面积上有 1 ～ 2 个企业数的城市
有 6 个，单位城市土地面积上的企业数为 0.5 ～ 1 的城市有 7 个。上述 15
个城市的产业集聚度都比较高，同时也是我国省会城市中较为发达的城市，
说明产业集聚与经济发展互相影响，即产业集聚度越高，城市的规模经济
效应也越强，从而能够吸引更多的资本拉动城市经济发展，进而使产业集
聚度更高。其他 15 个城市的单位土地面积上的企业数在 0.5 个以下，说明
这些城市产业集聚程度较低，一是因为这些城市的经济发展程度相应较慢，
二是因为这些城市有着相对广阔的城市土地，从而降低了产业集聚度。

　　最后，城市的资本集聚度代表着城市固定资产投资的集中程度，由于
资本属于生产要素的重要方面，因此资本集聚度在一定程度上又代表着各
个城市内部经济的活跃程度和企业生产活动的密集程度。

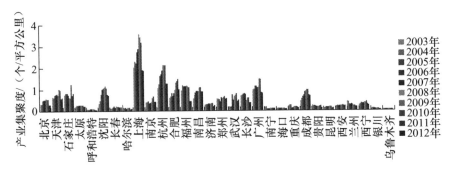

图 6-3 省会城市 2003—2012 年产业集聚度变化情况

从图 6-4 来看，总体上，各省会城市的资本集聚度是逐年升高的。其中，合肥资本集聚程度在 2003—2012 年间发展迅速，尤其是在皖江城市带示范区建设以来，合肥的资本集聚度在全国省会城市中遥遥领先。在 2012 年，合肥人均固定资产投资额即资本集聚度达到 121788.9 元 / 人。除了合肥资本集聚度峰值超过了 120000 元 / 人外，其他省会城市的人均固定资产投资额均在 100000 元 / 人以下，其中，天津、沈阳和长沙三个城市的资本集聚度峰值在 80000 元 / 人～ 100000 元 / 人，这三个城市也刚好是京津冀地区、东北地区和中部地区较发达的城市。人均固定资产投资额峰值在 60000 元 / 人～ 80000 元 / 人的城市有石家庄、呼和浩特、长春、哈尔滨、南京、杭州、福州、南昌、武汉、南宁、成都、昆明和西安等城市，这些城市为东北地区、东南地区、中部地区和西南地区的部分城市；其余 13 个省会城市的资本集聚度均在 60000 元 / 人以下，其中以海口市的资本集聚度最低。

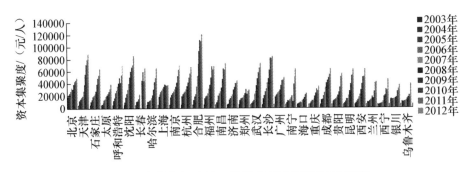

图 6-4 省会城市 2003—2012 年资本集聚度发展现状

综上来看，城市集聚因素中经济集聚度、产业集聚度和资本集聚度三个集聚程度均呈现出东高西低的态势，而各省会城市的人口集聚度从时间序列上来看相对比较稳定，且大多数城市之间的差别也不是很大。

6.2　城市集聚对环境空气质量影响的理论分析

在前文城市规模对空气质量的影响分析中，我们将城市规模从经济、人口、资本、用地和绿化五个方面进行了梳理，从五个方面研究城市规模扩张对环境空气质量的作用方向和程度。同样，我们也对城市集聚问题分别从经济集聚、人口集聚、产业集聚和资本集聚四个方面进行探讨。

6.2.1　经济集聚对环境空气质量的影响

经济集聚不同于产业集聚，它衡量的是城市经济总体在城市范围内的集聚程度，从它的代理指标我们很容易理解这一含义：学者们通常用地均生产总值来衡量经济集聚度，那么它的内涵就是每平方米的城市土地所负荷的经济生产能力。从这一含义看出，城市的经济集聚还是以城市土地上资源、环境的承载能力为基础的：在经济发展初期，城市经济集聚程度还在适度的范围内，城市所拥有的各类资源还可以支撑经济的不断积聚带来的压力，此时经济集聚显现出正的环境外部效应；在经济发展繁盛期，城市集聚程度达到顶峰，此时集聚带来的高人口密度、高生活和生产污染排放以及交通拥堵程度都达到了环境承载能力的上限，此时的经济与环境关系非常脆弱，集聚的正、负外部性基本持平；在经济发展达到成熟阶段时，随着劳动力、资本和技术等经济生产要素不断集聚，城市集聚带来的负外部性开始成为其主要效应，使得城市居住、交通和环境等条件的负荷能力超载，集聚经济开始转向集聚不经济。

也就是说，城市经济集聚对环境空气质量的影响不是一成不变的，它和城市经济所处的发展阶段有关，也和环境承载能力有关，因此，对二者关系的研究应该根据研究对象和发展阶段的不同进行具体问题具体分析。这和经济发展与环境空气质量的关系是一样的，因此我们为了表示经济集聚与环境空气质量的关系，用经济集聚度来代替第三章的经济总量变量，来刻画经济与环境的关系曲线，也就是说用经济集聚变量来构造 EKC 模型，根据经济集聚度的一次方项、二次方项和三次方项的系数符号来判断经济集聚与环境空气质量的关系。

6.2.2 人口集聚对环境空气质量的影响

作为城市经济活动中最活跃的因素，人口对空气质量的影响不仅表现在数量方面，还表现在密度方面：在数量上，人口的增长会直接带来生活污染物排放的增加，从而使环境中污染物的排放量增多；在密度上，人口集聚度的增加，意味着城市每单位资源环境所承载的人口数量增加，即使城市的土地面积也在增加，但若人口数量的增长幅度与之相等甚至超过它，那么城市环境的人口承载压力还是呈上升趋势的。也就是说，虽然人口规模的增加有可能会改善或恶化环境空气质量，但人口集聚度的提高与之不同，人口集聚度的提高更趋向于恶化环境空气质量。这是因为，一方面，人口集聚度增加后，在有限的土地范围内，居民生活带来的污染气体排放增加，增加了空气中污染物的浓度；另一方面，人口集聚度的增加如果表现在高技术人才的增加上，那么一些新的技术密集型企业可能会因为人才的密集而在该城市建厂生产，因此这些企业释放的污染物也会在一定程度上恶化空气质量，如果人口集聚度的提高表现在具有基本劳动力人员的增加，那么就会吸引劳动密集型的企业集中到城市来。也就是说，人口密度的增加，在总体上来说，不论是直接效应还是间接效应，都会增加环境污染物排放的机会，从而在其他条件不变的前提下，恶化环境空气质量。

6.2.3 资本集聚对环境空气质量的影响

城市的资本集聚，指的是每个城市居民所拥有的固定资产投资额。就资本集聚对环境空气质量的影响来说，城市的固定资产投资主要通过两种投资行为对空气质量产生影响：一方面，资本集聚使得城市的资本存量增加，而资本存量增加意味着生产活动的增多，这就使得直接的污染物排放量增多，从而使得空气质量发生恶化；另一方面，城市资本集聚，除了使投资到生产活动中的资本存量增加，投资到环境保护中的资本存量也有一定的增加，这就使环保治理资本增多、环保投资力度增大，如果此时环境空气污染水平和环境自净能力及其他因素均保持不变，那么资本集聚将会改善环境空气质量。

也就是说，城市资本的集聚对环境空气质量的影响方向取决于资本的投资方向及其构成。若城市将更大比例的固定资产投资到工业生产当中，那么环境空气质量恶化的趋势更明显；若城市资本较多地投入清洁生产行业、提高资源利用效率以及环境治理工作等方面，那么资本的集聚将为环境空气质量的改善提供强大的资金保障。

6.2.4　产业集聚对环境空气质量的影响

从以往的研究来看，对产业集聚和环境质量关系的研究还不够被学者们关注，事实上，产业集聚在推动城市规模扩大和人口集聚的过程中，对城市环境产生着深远影响。从理论上讲，一方面，城市产业集聚的增加，会增加城市内部生产企业的增加和人口的增加，从而也就增加了企业生产和居民生活所必需的资源和能源的消耗，加重环境污染；另一方面，产业集聚使得企业和居民集中在城市，使得企业使用原材料等资源的效率提高，也使得居民在集聚城市内通过知识共享、技术外溢等正外部性提高了生产技能从而提高能源的利用效率，减少了污染物的排放。在污染治理方面，产业集聚使得企业集中在一起对污染物进行综合治理成为可能，从而能够改善环境质量。这种影响对环境空气质量来说亦是如此。那么，城市产业集聚最终的环境效应是正的还是负的呢？这取决于两方面作用各自的强度，也取决于政府政策在两个方面的倾斜程度。

6.3 城市集聚与环境空气质量关系模型的
建立与拓展

为了研究城市集聚对空气质量的影响，本章仍然同第四章一样在 EKC 模型的框架下提出假设并建立相应的模型，但与前两章不同的是本章使用经济集聚变量来构造 EKC 模型。

假设 1：城市经济集聚度与空气质量的关系符合 EKC 模型中经济与环境的假说，且具有动态特征。根据环境库兹涅茨理论，EKC 模型的曲线代表的是经济与环境的关系，本书将其中的经济变量内涵适当延伸，认为其他经济指标也可以表征"收入"这一变量。因此，在本章内，我们将"经济集聚度"作为收入变量的代理指标，建立如下形式的 EKC 模型：

$$\ln day_{it} = \beta_0 + \delta \ln day_{i,t-1} + \beta_1 \ln ecoagg_{it} + \beta_2 (\ln ecoagg_{it})^2 + \beta_3 (\ln ecoagg_{it})^3 + \beta X_{it} + \varepsilon_{it} \tag{1}$$

式中，ecoagg 表示城市经济集聚度，我们可以根据该模型中 β_1、β_2、β_3 的符号及其显著性来判断 EKC 模型曲线呈 N 形或倒 N 形、U 形或倒 U 形以及线性或非线性形式。如果 β_1、β_2、β_3 的显著性较好，说明用该经济集聚变量构造 EKC 模型是合理的；如果被解释变量滞后项的显著性也较好，说明用集聚变量构造的 EKC 模型确实存在动态特征。

假设 2：城市人口集聚度的提高对空气质量有着显著的影响，且其作用更倾向于恶化空气质量。故我们将人口集聚度指标纳入模型中来：

$$\ln day_{it} = \beta_0 + \delta \ln day_{i,t-1} + \beta_1 \ln ecoagg_{it} + \beta_2 (\ln ecoagg_{it})^2 + \beta_3 (\ln ecoagg_{it})^3 + \beta_4 \ln popagg_{it} + \beta X_{it} + \varepsilon_{it} \tag{2}$$

式中，popagg 表示城市人口集聚程度，我们预期 β_4 的符号为负。

假设 3：产业集聚度作为比经济集聚度更为具体的集聚因素对空气质量有显著影响，且按照集聚经济理论来讲，产业集聚度越高，包括能源利用、废气处理等生产环节在内的生产效率越高，故假设产业集聚度对空气质量具有正向的作用，将其引入模型：

$$\ln day_{it} = \beta_0 + \delta \ln day_{i,t-1} + \beta_1 \ln ecoagg_{it} + \beta_2 (\ln ecoagg_{it})^2 + \\ \beta_3 (\ln ecoagg_{it})^3 + \beta_4 \ln popagg_{it} + \beta_5 \ln indusagg_{it} + \beta X_{it} + \varepsilon_{it} \quad (3)$$

式中，indusagg 表示城市产业集聚度，我们预期 β_5 的符号为正。

　　假设 4：虽然我们不能准确预期城市的资本集聚度对空气质量的影响方向，但假定其对空气质量有一定的影响，并将其作为控制变量引入模型：

$$\ln day_{it} = \beta_0 + \delta \ln day_{i,t-1} + \beta_1 \ln ecoagg_{it} + \beta_2 (\ln ecoagg_{it})^2 + \beta_3 (\ln ecoagg_{it})^3 + \\ \beta_4 \ln popagg_{it} + \beta_5 \ln indusagg_{it} + \beta_6 \ln capagg_{it} + \varepsilon_{it} \quad (4)$$

式中，capagg 表示城市资本集聚度，我们无法准确预期 β_6 的符号，有待做出实证结果后做具体分析。

6.4　变量选取与数据处理

6.4.1　经济集聚度

　　Ciccone 等指出城市经济活动的集聚程度可以用经济密度来衡量。鉴于此，本书用经济密度反映城市的经济集聚度，即选取单位城市土地面积上的可比价生产总值来从总体上衡量经济产出在城市的集聚程度。

6.4.2　人口集聚度

　　人口作为影响城市生产与生活的关键因素，其集中程度越高，对环境空气质量的影响越明显，但这样的影响是正向的还是负向的呢？在人口集聚度指标的选取上学者们大多选择城市人口密度作为人口集聚度的代理指标，但该人口密度指标是用城市总人口除以土地总面积得来的，其中人口与土地面积的统计口径宽泛，不够严谨，因此本书用各城市年末非农业人口数除以建成区土地面积的值来衡量人口空间集中程度，学者肖周燕也用过该指标来代表人口集聚程度。另外，我们按人口空间集中程度的不同将城市划分为高于平均值组和低于平均值组，以便比较分析不同人口集聚程度的城市对空气质量的不同影响。

6.4.3　资本集聚度

我们用人均固定资产投资来代表资本的集聚度。虽然在第五章我们分析了资本规模对空气质量的作用，但它只能单纯分析资本总量上的增加对空气质量的影响。然而，就如同人均生产总值比生产总值总量更能代表经济发展水平也更具有可比性一样，用人均固定资产投资来衡量各城市的投资水平也更具有代表性和可比性。在指标计算上，我们用各城市固定资产投资总额分别除以各城市年末总人口数得到资本集聚度指标。

6.4.4　产业集聚度

产业集聚是产业发展过程中体现出来的空间特征，是同一类型或不同类型的相关产业在空间上的集中与聚合。以往学者们常选择使用产业区位基尼系数、地理集中指数、就业密度、专业化指数、区位商和空间基尼系数等指标来代表产业集聚度。由于上述产业集聚度指标均针对区域内的某个特定的产业来计算，而本书在研究城市集聚时，更倾向于分析总体上各个行业在某个城市的集中程度，不需要过于细化地区分产业类型的集聚指标，故本书选取地均企业数来表示所有行业的企业整体上在城市的集聚程度，其值等于单位城市土地面积上的限额以上工业企业个数。

本章新涉及变量的说明、数据来源和描述性统计分别见表6-1和表6-2。

表 6-1　变量说明与数据来源

变量名称及标识	指标（单位）	数据来源
经济集聚度（ecoagg）	可比价地均生产总值（亿元／平方公里）	中国经济与社会发展统计数据库
人口集聚度（popagg）	人口空间集聚（万人／平方公里）	中经网数据库
资本集聚度（capagg）	人均固定资产投资额（元／人）	中经网数据库
产业集聚度（indusagg）	地均企业数（个／平方公里）	中经网数据库

表 6-2　变量的描述性统计

变量标识	均值	标准差	最小值	最大值	观测数	假设预期
ecoagg	9296.89	8968.87	556.32	58205.70	300	不确定
popagg	1.05	0.33	0.56	2.63	294	负向
indusagg	0.54	0.57	0.04	3.58	300	正向
capagg	32000.17	20957.09	5409.01	121788.90	297	不确定

观察表 6-2 中的均值和标准差可知，各变量的数据集没有出现奇异值，故原数据的数据质量是好的，可以用来做模型的实证分析。

6.5　实证结果及其分析

6.5.1　总体动态 GMM 回归

首先，我们对全国 30 个省会城市在 2003—2012 年间的空气质量受城市集聚程度的影响情况进行总体上的回归分析，回归结果如表 6-3 所示。

"基准模型动态（1）"列检验了用经济集聚度指标表示的动态 EKC 模型曲线的存在性，结果显示用经济集聚度指标 ecoagg 构造的 EKC 模型曲线的动态特征明显，曲线显著地呈现出倒 N 形，对应到 EKC 模型曲线为 N 形，表示样本期内经济集聚度经历了从最初的恶化空气质量到改善空气质量最后再到恶化空气质量的过程。该过程与经济规模对空气质量的影响是刚好相反的过程，说明经济规模与经济集聚度这两个对经济不同角度的度量指标对空气质量的影响是存在差异的，规模增长并不意味着集聚度的提高，集聚度的提高也不一定意味着规模的增长。因此，我们将规模变量和集聚变量分开来分析是合适的，将其放到不同的模型中来分析也是合理的。这有效地避免了在同一模型中因为存在经济指标之间的相关性而出现自相关和异方差问题。

表 6-3　总体动态 GMM 回归估计结果

解释变量	基准模型 动态 GMM（1）	拓展模型 动态 GMM（2）	拓展模型 动态 GMM（3）	拓展模型 动态 GMM（4）
ln day $_{(-1)}$	0.319321*** （0.0000）	0.303943*** （0.0000）	0.273633*** （0.0000）	0.248324*** （0.0000）
ln ecoagg	−5.030610*** （0.0000）	−3.501986*** （0.0000）	−3.914347*** （0.0000）	−3.722440*** （0.0000）
ln^2 ecoagg	0.576970*** （0.0000）	0.412045*** （0.0000）	0.457682*** （0.0000）	0.435155*** （0.0000）
ln^3 ecoagg	−0.021593*** （0.0000）	−0.015706*** （0.0000）	−0.017357*** （0.0000）	−0.016520*** （0.0000）
ln popagg		−0.050155*** （0.0000）	−0.051791*** （0.0000）	−0.054997*** （0.0000）
ln indusagg			0.018568*** （0.0006）	0.018211*** （0.0036）
ln capagg				0.007578 （0.4065）
J–statistic	28.80543	26.95770	24.50000	24.22150
Sargan	0.320004	0.358001	0.433323	0.391629
样本量	240	234	234	232
形状	倒 N 形	倒 N 形	倒 N 形	倒 N 形
对应 EKC 模型的曲线形状	N 形	N 形	N 形	N 形

注：*** 表示在 1% 的显著性水平上显著；括号内为 p 值。

为了验证较高的城市人口集聚度是否真的恶化了空气质量，对拓展模型（2）进行了回归分析，得到表 6-3 中"拓展模型动态（2）"列的结果。回归结果显示，在经济集聚指标表示的动态 EKC 模型基础之上加入人口空间集中度指标后不改变 EKC 模型的曲线形状且显著性较好，且仍然符合 EKC 模型曲线的动态特征，故我们认为保留该变量是合适的。再来看人口集聚度变量的系数符号及大小：系数为负，这符合我们的预期，而且，王兴杰和谢高地等学者的研究也认为人口集聚度的不断提高会恶化城市环境质量，这说明我们的研究结果是合理的。从数值上来分析，城市单位建成区面积上的非农业人口数每增加 1%，空气质量达到及超过二级的天数就减少 0.05%。与第五章人口规模对空气质量的影响结果比较发现，无论是人口集聚度的提高，还是人口规模的提高，人口因素始终是造成严重环境压力的重要因素。

"拓展模型动态（3）"列是在"拓展模型动态（2）"列回归的基础上加入产业集聚变量，实证结果表明，产业集聚度对空气质量有着改善作用，其改善系数约为 0.0186。这个系数绝对值小于人口集聚度的系数绝对值，说明在其他情况不变的情况下，相关部门在引进内外资企业投资建厂以提高产业集聚度的同时，应控制人口规模、降低人口集聚度，才能最终实现产业集聚度提高带来的环境正效应。否则，人口因素带来的负效应很容易抵消甚至超过产业集聚度的正效应从而导致城市环境的恶化。张可和豆建民等学者也认为产业集聚对环境污染具有改善作用，适度的城市集聚可以优化区域环境。

"拓展模型动态（4）"列中加入了资本集聚变量，与资本规模不同，资本集聚度的提高带来了城市空气质量的改善，这又一次证明了将规模变量与集聚变量分开来讨论的正确性和必要性。资本规模的增加恶化了空气质量，这可能和固定资产投资的具体投资方向和结构有关，而资本集聚度的提高，又从人均资本额的角度衡量了投资的密度对空气质量的影响，也就是说在不考虑投资方向和结构的情况下，资本密度的提高有助于改善空气质量。虽然资本集聚变量的系数不显著，但将其加入模型后其他变量的系数符号和显著性均没有受到影响，故保留该变量进行下面的分组回归分析。

6.5.2 城市分不同集聚的动态 GMM 回归

在前面总体回归的基础上，我们将城市分别按不同产业集聚度和人口集聚度分成两组。具体来讲，产业集聚度的分组是以 2012 年地均企业数的平均值 0.4355 为界限，将地均企业数高于该值和低于该值的城市分为两组。同样，人口集聚度的分组是将各城市单位建成区土地面积上的非农业人口数以期末平均值为界限分为两组，分组情况和分组后各组的城市个数如表 6-4 所示。

表 6-4　分组回归的城市划分方法

划分对象	指标	划分依据	分组	城市个数
城市集聚	产业集聚度	2012 年地均企业数	高于平均值	11
			低于平均值	19
	人口集聚度	2012 年人口空间集中度	高于平均值	10
			低于平均值	20

注：对 2012 年数据缺失的城市，用前三年数据的平均值代替。

表 6-5 是在上述两种分组方法下，对各个分组城市分别进行回归得到的实证结果。我们观察城市不同产业集聚度的回归结果发现，不论城市产业集聚度和人口集聚度的高低，各城市组的 EKC 模型的曲线形状均为 N 形，与总体回归结果均保持一致，说明城市集聚指标构造的 EKC 模型的曲线形状不受分组数据的影响，全国总体的城市集聚与空气质量的关系仍然适用于各个分组的城市集合。另外，除了高人口集聚度组城市之外，其他三组城市的 EKC 模型系数均很显著，表明用经济集聚指标构造的 EKC 模

型在分组数据中仍然有较好的回归效果。

　　人口集聚度对环境空气质量的影响在分组城市中的结果与总体结果也保持一致，且各组之间在该项变量的系数符号上保持一致、在系数大小上均保持在 0.05 上下。这说明人口集聚度对空气质量的影响无论是在产业集聚度和人口集聚度高的城市，还是在产业集聚度和人口集聚度低的城市均表现出负效应，且集聚度每提高 1%，空气质量就恶化大约 0.05%。

　　来看看产业集聚度因素对空气质量的影响：除了低人口集聚度组城市之外，高产业集聚度城市、低产业集聚度城市以及高人口集聚度城市的产业集聚度对空气质量的影响均为正向且分别在 1%、10%、5% 的水平上显著，这种正效应与总体回归结果一致；低人口集聚度的城市其产业集聚度越高，空气质量就越差，这或许是因为，低人口集聚度的城市在吸引投资时不必担心人口的大量迁入带来的人口压力，可以选择引进比较粗放的劳动密集型产业从而降低了生产效率，人口的迁入也增加了生活污染气体排放，因此这种低效率和人口增加带来的污染排放增加抵消甚至超越了产业集聚所带来的正环境外部效应。

　　资本集聚度对空气质量的正效应在高产业集聚度城市和低人口集聚度城市是存在的，但在低产业集聚度和高人口集聚度城市出现了不同——在这两组中，资本集聚度越高，城市的空气质量却越低。低产业集聚度城市的资本集聚度出现负效应或许是因为低产业集聚度城市处于追求经济利益最大化的阶段，忽视了环境成本，过分地注重了城市产业发展，从而使其资本的结构和投资方向倾向于高污染行业；高人口集聚度城市的资本集聚出现负效应或许是因为高人口集聚度城市的资本存量已经达到了资本和劳动力的有效组合，其资本利用率已经达到峰值，若此时再提高资本集聚度，则会使资本的使用效率降低，资本所产生的边际效应也降低，这种低效率的使用就会产生更多的浪费和环境污染。

表 6-5　城市分集聚度动态 GMM 回归估计结果

解释变量	产业集聚度		人口集聚度	
	高于期末平均值	低于期末平均值	高于期末平均值	低于期末平均值
ln day $_{(-1)}$	−0.236727***	0.956446***	0.196616*	−0.145676
	（0.0001）	（0.0000）	（0.0815）	（0.1175）
ln ecoagg	−4.910411*	−3.949542**	−0.221113	−3.903447*
	（0.0681）	（0.0336）	（0.8815）	（0.0595）
$\ln^2$ ecoagg	0.533051*	0.487196**	0.063857	0.467194*
	（0.0587）	（0.0271）	（0.6889）	（0.0529）
$\ln^3$ ecoagg	−0.019055*	−0.019624**	−0.003458	−0.018095**
	（0.0513）	（0.0235）	（0.5424）	（0.0492）
ln popagg	−0.049399	−0.042910**	−0.088263***	−0.028081
	（0.1821）	（0.0290）	（0.0039）	（0.4390）
ln indusagg	0.020493***	0.026919*	0.042708**	−0.002661
	（0.0001）	（0.0668）	（0.0304）	（0.9139）
ln capagg	0.036479	−0.028148**	−0.009057	0.051248
	（0.1133）	（0.0319）	（0.6347）	（0.1643）
J–statistic	30.79023	22.43442	27.65018	10.28604
Sargan	0.375380	0.801767	0.536670	0.415767
样本量	88	144	102	130
形状	倒 N 形	倒 N 形	倒 N 形	倒 N 形
对应 EKC 模型的曲线形状	N 形	N 形	N 形	N 形

注：*、**、*** 分别表示在 10%、5%、1% 的显著性水平上显著；括号内为 p 值。

　　综上，人口集聚对环境空气质量的影响无论是从总体城市来看还是从分组城市来看均为负向的，即人口的集中对环境空气质量有恶化作用。对产业集聚来讲，在人口集聚度较小的城市，产业集聚度的提高会恶化空气质量；而在总体省会城市、高产业集聚度城市、低产业集聚度城市以及低人口集聚度的城市，产业集聚度的提高会改善空气质量，且其改善的系数均在 0.02 左右，也就是说，综合来看，产业集聚度每提高 1%，空气质量就会改善 0.02%。资本集聚对环境空气质量的影响并不显著，且其影响大小也在总体和各个分组之间存在差异，说明我们在研究资本集聚对环境空气质量影响的过程中，要么指标选择不足以表示二者之间的紧密联系，要么没有综合考虑其他因素的影响，可见，对资本集聚和环境空气质量关系还有待以后更深入的研究。

6.6　本 章 小 结

本书首先从理论上分析了城市经济集聚、人口集聚、资本集聚和产业集聚这四个城市集聚因素对环境空气质量的影响，然后在理论分析的基础上建立城市集聚对环境空气质量影响的基准模型和拓展模型，并进行了实证研究。

实证结果表明，从总体上看，用经济集聚度指标构造的 EKC 模型动态特征明显，说明用经济聚集程度来表征经济发展程度是合适的，以此来构造的 EKC 模型也是有足够解释力来表明经济与环境质量关系的一种衡量方法。人口集聚度越高，环境压力越大，即人口集聚度每增加 1%，空气质量就恶化 0.05%；并且人口集聚对环境空气质量的作用同人口规模对空气质量的作用是相似的，都为负向效应。产业集聚对空气质量有着改善作用，产业集聚度每提高 1%，空气质量就改善约 0.02%。根据上述结论发现，在进行具有改善作用的产业集聚活动时，必须注意对人口集聚度的控制，否则，一旦人口集聚带来的负效应抵消甚至超过产业集聚带来的正效应时，城市总体上经济活动的负环境外部效应就显现出来了，对城市环境带来巨大压力并降低经济增长所带来的整体福利。此外，资本集聚度的提高会带来城市空气质量的改善，这个结果与资本规模的增加会恶化空气质量的结果有所差异，这说明我们在本书中将城市经济发展中的规模因素与集聚因素对空气质量的影响情况分开来讨论是正确的。

联系实际来看，首先，我国大部分省会城市在实施相应的政策来限制人口向城市的流动或者拓宽城市土地面积减轻人口集聚带来的环境压力，这类城市经济发展政策与本章的结论一致；其次，各省会城市积极吸引投资，产业集聚度不断提高，本书的研究结论认为产业集聚度和资本集聚度的提高有助于改善环境空气质量，但在现实中产业集聚和资本集聚是否能带来正的环境外部性，取决于投资结构和产业布局，这就需要各个城市在招商引资时注重产业集聚的环境效应，结合三次产业的特点和城市地理环境状况，合理地进行投资和产业布局。

第七章 城市结构对环境空气质量的影响

在绪论里我们已经了解了城市结构的概念和内涵，本章我们具体分析城市结构的变动对环境空气质量的影响情况。本书所指的城市结构变动，其实就是指随着城市规模的扩张或缩小、城市发生集聚或者扩散等变化之后，城市在人口结构、空间结构、产业结构和投资结构等方面所发生的改变。这些改变对环境空气质量有正反两方面的影响。从微观角度来看，企业的区位选择和人口对城市宜居性的需求对城市结构的变动产生了重要影响。

7.1 城市结构的发展现状

针对本书的研究目的，本章从城市结构的四个方面，即人口结构、空间结构、产业结构和投资结构来观察我国省会城市结构变动的历史及其现状。

人口结构的变动涉及人口城乡结构、年龄结构、文化结构等多方面，鉴于本书所研究的是省会城市的结构特征，我们只对人口的城乡结构在样本期内的变动情况做一梳理。图 7-1 是我国东北地区、中部地区、东部地区、西南地区、西北地区五个区域的五个省会城市非农业人口占总人口比重的趋势图。从图 7-1 中我们可以看出，除了郑州市之外，随着城市化进程的不断加快，我国总体上各区域省会城市非农业人口占总人口的比重呈不断上升趋势。另外，这五个省会城市除了在 2008—2009 年这一时段有一个大的跳跃（广州在 2006—2007 年出现跳跃）之外，其他时间段人口结构保持相对稳定的状态，这个跳跃的出现很有可能是由城镇人口统计口径的变化造成的。

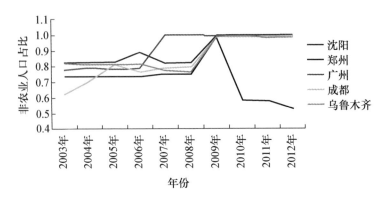

图 7-1　2003—2012 年部分省会城市人口结构变动图

　　城市空间结构是指城市中住宅、工厂、道路等所占的面积占城市总面积的比重。我们主要从居住空间结构和工业空间结构两方面来观察城市空间结构的变动。图 7-2 是 2003—2012 年我国天津、广州、成都、沈阳和兰州五个城市的居住空间结构的变动情况。观察图 7-2 可知，在这五个城市中，除了成都和沈阳的居住空间占城市总体空间的比重有上升趋势之外，其他三个城市的居住空间比重都有幅度不等的下降。再对比图 7-3 中五个城市工业生产空间占比的变化情况，我们就可以发现，天津、成都和沈阳的工业空间占比和居住空间占比存在着此消彼长的关系，而广州和兰州的居住空间与工业空间却有着相同的趋势。

　　在本章中我们研究三次产业结构的变动对空气质量的影响情况。图 7-4 是我国部分省会城市的第二产业占生产总值比重的变动情况。

　　从图 7-4 中可以看出，我国省会城市第二产业的产业结构在 2004 年有较小幅度的上升之后，在 2005 年出现下降，随后分别处于西北地区、西南地区和东北地区的兰州、成都和沈阳三个省会城市的第二产业比重有所上升，而处于京津冀城市圈、中部地区和东南地区的北京、郑州和广州三个城市的第二产业比重呈缓慢下降趋势。从第二产业的产业结构变动可以看出，2003—2012 年，东北地区和西部地区省会城市的重工业化程度还很高，大多在 50% 左右；北京、中部地区和东部地区的省会城市的重工业比重在缩减，尤其是北京和东部地区的城市，已经通过产业结构转型降低了工业化生产所占的比重，这对环境空气质量的改善是非常有利的。

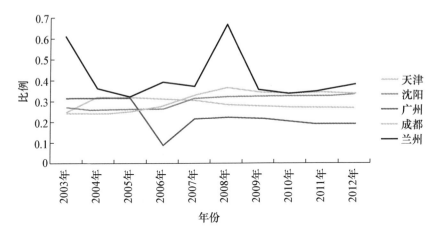

图 7-2　部分省会城市 2003—2012 年居住空间结构变化情况

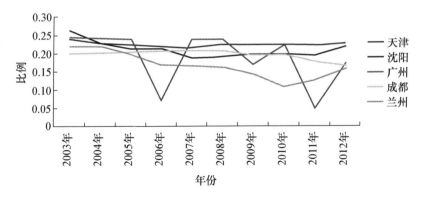

图 7-3　部分省会城市 2003—2012 年工业生产空间结构变化情况

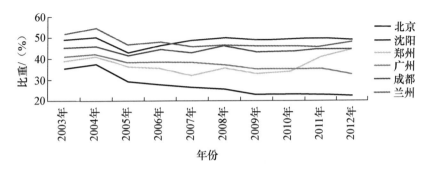

图 7-4　部分省会城市 2003—2012 年第二产业占生产总值比重变化情况

相应地，我们绘制了上述六个城市的第三产业结构的变化情况，如图 7-5 所示。将图 7-5 与图 7-4 对比，我们发现，第二产业占生产总值比重较高的城市，如沈阳、兰州和成都等城市，其第三产业比重就较低；而第二产业占生产总值比重较低的城市，如北京、郑州和广州等城市，其第三产业比重就较高。并且，六个城市在图 7-5 和图 7-4 中的排列顺序刚好相反。也就是说，第二产业和第三产业在生产总值中的占比是此消彼长的，这两个指标共同反映了一个城市在不同发展阶段的产业结构情况。

在城市结构所涉及的投资结构指标中，我们所关心的是城市的环保投资结构对环境空气质量的影响，故在图 7-6 中列出了几个代表性省会城市的环保投资占当年固定资产投资总额的比重变化情况。由于环保投资结构数据有缺失，因此我们只列出了数据较完整年份 2006—2011 年的投资结构变化情况。从图 7-6 中可以看到，北京在各个年份的环保投资比重都是比较高的，因此北京整体的市容环境状况还是良好的，但北京与制造业大省河北省相邻，再加上不利的气象条件，时常出现雾霾天气，这和它较高的环保投资比重并没有形成匹配。广州、沈阳和兰州在个别年份的环保投资比重较高，但其余年份环保投资比重也均在 0.4% 以下。说明除了北京以外，图中其余五个区域的省会城市的环保工作并没有持续、有力地进行。总体上看，我国环保投资比重还是偏低，应当增加环保投资比重，但针对如北京高环保投资但收益较低的情况，应努力对周边省市进行产业结构转型升级，才能从根本上使区域内环境空气质量得到整体的改善。

图 7-7 是 2011 年环保投资比重和 2011 年空气质量达标天数在各省的分布情况，代表了环保投资结构与环境空气质量的静态关系。从图 7-7 中可以看出，一般情况下，空气质量达标天数较少的城市其当年的环保投资比重就较高，空气质量达标天数较多的城市其当年的环保投资比重就较低。也就是说，包括空气质量在内的环境质量现状决定了当年投入环境保护工作中的固定资产比重。因此，表现在图 7-7 中，就是两条曲线沿着相反的方向发展，呈此消彼长的关系。

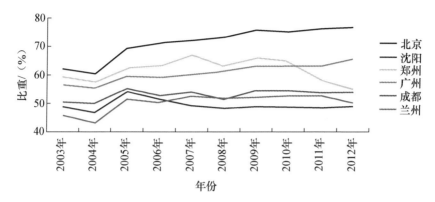

图 7-5 部分省会城市 2003—2012 年第三产业占生产总值比重变化情况

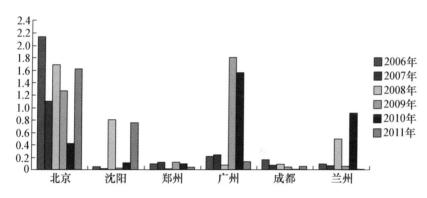

图 7-6 部分省会城市环保投资占固定资产投资总额比重变化情况

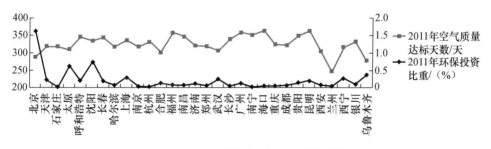

图 7-7 2011 年环保投资比重与空气质量的静态关系

图 7-8 所示为 2011 年环保投资比重和 2012 年空气质量达标天数在各省的分布情况，代表了上一期环境保护投资比重与当期环境空气质量

的对应关系，反映了环保投资结构对环境空气质量的动态作用。与图 7-7
所反映出来的此消彼长关系不同，在图 7-8 中，两条曲线开始显现出同
增同减的趋势，尤其以哈尔滨、上海、郑州、昆明、兰州和西宁的数据
点最为明显。也就是说，上一期环境保护投资比重的提高对当期环境空
气质量的改善有促进作用，环保投资结构对环境空气质量的影响具有动
态效果。

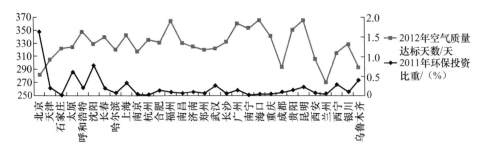

图 7-8　上一期（2011 年）环保投资比重与当期（2012 年）环境空气质量的对应关系

7.2　城市结构对环境空气质量影响的理论分析

以上，我们用图表直观地考察了我国省会城市的城市结构各个方面的
发展情况，以及城市环保投资结构与环境空气质量的静态和动态关系。下
面我们从经济学角度来对城市结构因素对环境空气质量的影响进行理论
分析。

7.2.1　人口结构对环境空气质量的影响

城市结构中最主要也最活跃的因素当属人口结构因素，人口结构包括
自然构成、社会构成和地域构成等。其中，自然构成包括年龄、性别等方
面；社会构成包括文化、城乡等方面。年龄结构涉及未成年人、劳动人口和
老年人口比重，这些比重关系到一个城市乃至国家年轻人的整体生产能力
和消费能力：劳动人口比重越大，则生产能力越强，因而由生产活动释放

的空气污染物也相应越多，大气环境质量就相对越差；老年人口比重越大，该城市的消费能力就相应弱些，商业活动不够活跃，经济不景气，整个城市的生产活动就相应萎缩，从而环境空气质量可能相对良好。人口的城乡结构代表的是城市内农业人口和非农业人口比重，它代表的是一个城市第二、第三产业从业人口的比重，若该城市农业人口比重较大，则其环境空气质量较好；若非农业人口比重较大，则其环境空气质量的情况还要依据三次产业结构的比重来分析。人口的文化结构可以反映城市人口环境保护意识的强弱，有些大城市虽然人口众多，但由于其居民文化程度高、具有较强的环保意识，从而使这些城市的环保工作事半功倍，这与居民对环保政策的实施进行积极配合与响应是密不可分的。

7.2.2　空间结构对环境空气质量的影响

所谓城市空间结构，就是城市居民工作、生活、休闲等的活动场所在城市地域范围内所处的地理位置和布局特征的组合关系，它是城市功能结构在空间上的反映。有学者认为城市空间结构可以分为内部空间结构和外部空间结构，本书只研究内部空间结构。内部空间结构包括居民居住用地空间、企业生产用地空间、商业活动用地空间和其他用地空间分别占城市土地面积的比重。鉴于文章篇幅和各空间结构的重要性，本书只考虑居民的居住用地空间结构和企业的生产用地空间结构两个方面。居住用地空间越大，说明城市内人口众多。但如前面的分析可知，城市人口对环境空气质量的作用不能一概而论，还要看城市人口在城乡、文化、年龄等方面的结构，因此，居住用地空间的大小对环境空气质量的影响，我们应该具体问题具体分析。工业生产用地空间与环境空气质量的关系更为密切。城市工业用地空间越大，说明该城市工业生产活动越活跃，工业生产活动越活跃，总体上对环境空气质量是有恶化作用的，但如果考虑到清洁生产、能源利用效率和污染气体处理率等因素，则城市工业用地空间对环境空气质量的影响应当别论。

7.2.3 产业结构对环境空气质量的影响

在所有的城市结构因素中，城市产业结构对环境空气质量的影响应当是举足轻重的。城市的产业结构有三次产业分别占生产总值的比重等结构，也有以劳动密集型产业、资本密集型产业和技术密集型产业分别占生产总值的比重等结构。一般来讲，第二产业比重较高时，城市的环境空气质量趋于恶化；第一产业、第三产业比重增大时，城市的环境空气质量趋于改善。由于技术密集型产业多半也属于服务业，因此其释放的空气污染物较少，其在生产总值中所占的比重较大时，城市的环境空气质量趋于改善；而资本密集型产业大多是重工业生产行业，其在生产总值中所占的比重较大时，城市的环境空气质量趋于恶化；而劳动密集型产业对环境空气质量的影响，与其所使用的生产资料、生产方式、生产效率等相关，其生产活动的污染密集性直接影响其污染强度，因此要具体问题具体分析。

不论是哪种划分方式，综合来讲，当产业结构由农业向工业转变时，污染水平逐渐上升；而当经济进入"后工业化"时期，由能源密集型工业向知识密集型工业和服务业转型时，污染水平下降。

7.2.4 投资结构对环境空气质量的影响

投资结构对环境空气质量的影响主要表现在固定资产投资到高污染的工业行业，或者投资到环境污染治理等方面。显而易见的是，当城市的固定资产大部分使用到高污染行业时，该城市包括空气质量在内的所有环境质量都有恶化的趋势；而当城市固定资产的大部分都用在环境污染治理相关的设施建设中时，环境空气质量趋于变好。由于固定资产投资总额是不变的，所以，投资结构中的各个部分是此消彼长的关系，一个城市的可持续发展理念就体现在这样一个投资结构的安排当中，生产投资和治污投资必须有合理的比例才能使城市的经济、环境等各个方面协调发展。任何一个方面的投资超过合理比例，都不能实现城市协调发展的目标：工业生产投资不足，则会导致城市经济不景气甚至衰退；环境保护和治理投资不足，则会导致城市环境日渐恶化。所以说，各城市应当注重均衡投资。

就我国各区域经济发展状况而言，中西部地区产业结构偏向重化工的特征明显，2015 年第一季度，中西部地区重化工项目投资占全国 81.9%。然而，我国环境保护投资总额由东部到西部递减，说明中西部地区的城市的环境保护投资比例在全国来看还处于低位，其中，城市市容环境卫生公用设施建设固定资产投资只占固定资产投资总额的 1% 左右，而北京、广州等城市都在 2% 左右（图 7-6），再加上北京、广州等城市的固定资产投资总额基数大，所以，从环境保护的投资规模观察的话，北京、广州等城市的投资规模要比中西部地区的投资规模大很多。因此，就中西部地区的经济与环境协调发展来说，东部地区的投资结构可能更合理，其环境与经济的协调度也更高。

与发达国家相比，我国环保投资的比例虽有增长趋势，但总量还很少。

从有关大气污染治理绩效来看，我国近几年来各城市的环境空气质量有很大改进，以兰州市环境空气质量的改善尤为卓著。在 2015 年末召开的联合国应对气候变化巴黎大会上，兰州市荣获"今日变革进步奖"，兰州市在近几年的大气污染治理过程中，推动多领域协同治理，努力调整产业结构和能源结构，使得兰州市大气污染物排放量大大减少，空气质量也终于得到改善。

7.3　城市结构与环境空气质量关系模型的建立与拓展

本节的研究仍以 EKC 模型为框架。但比起经济集聚变量构造的 EKC 模型，用经济规模变量构造的 EKC 模型更具有普遍适用性，因此仍然建立与第四章相同的基本模型：

$$\ln day_{it} = \beta_0 + \beta_1 \ln ecoscale_{it} + \beta_2 (\ln ecoscale_{it})^2 + \\ \beta_3 (\ln ecoscale_{it})^3 + \beta X_{it} + \varepsilon_{it}$$ （1）

在此基础上，本节为了研究城市的人口结构、空间结构、产业结构及投资结构四个关键因素对空气质量的影响，提出如下假设，并逐步拓展模型。

假设 1：城市非农业人口占比对空气质量有显著影响。建立如下拓展模型：

$$\ln day_{it} = \beta_0 + \beta_1 \ln ecoscale_{it} + \beta_2 (\ln ecoscale_{it})^2 + \beta_3 (\ln ecoscale_{it})^3 + \\ \beta_4 \ln popstruc_{it} + \beta X_{it} + \varepsilon_{it}$$ （2）

式中，popstruc 表示城市人口结构。如上文所述，人口结构包括年龄、城乡、教育等多方面内容，由于我们的研究与城市经济问题有关，故我们只关注人口的城乡结构，即观察城市间农业人口与非农业人口的比重不同是否会间接地造成各城市间空气质量的差异。我们用的指标是非农业人口比重，也就相当于从事第二产业和第三产业的人口比重，因此该指标值越高，说明城市的农业产业的发展越弱。而第二、三产业的发展越好，这也从侧面反映了第二、三产业比重对空气质量的影响，可以为相关部门在三次产业之间进行权衡、实现可持续发展提供依据。研究人口结构与环境关系的学者们有很多，如王芳和周兴针对人口老龄化率、城市化率、消费结构、从业结构等人口结构因素与环境污染物排放的关系做了分析，认为这些人口结构因素确实影响着环境质量的恶化或者改善。城市非农业的人口比重越低，一方面，意味着城市化程度高，第二、三产业发达，由此带来的生产效率、资源利用率和污染气体处理率也越高，人口文化素质越高环保意识更强，因而可能会改善空气质量；另一方面，非农业人口比重低意味着城市辖区内农业种植面积少、城市空间拥挤，工业化程度高、工业生产产生的污染气体相应较多，这些都会导致空气质量的恶化，故我们对人口结构对空气质量的影响方向无法做出准确地预期，只能在实证结果做出之后再做分析。

假设 2：城市空间结构作为衡量城市空间布局及城市土地空间利用情况的指标，对空气质量也有较大影响。故将上述模型再行拓展为如下模型：

$$\ln \text{day}_{it} = \beta_0 + \beta_1 \ln \text{ecoscale}_{it} + \beta_2 (\ln \text{ecoscale}_{it})^2 + \beta_3 (\ln \text{ecoscale}_{it})^3 + \\ \beta_4 \ln \text{popstruc}_{it} + \beta_5 \ln \text{spatistru}_{it} + \beta X_{it} + \varepsilon_{it} \tag{3}$$

式中，spatistru 表示城市空间结构，在表示城市空间结构的指标里，可选的指标有城市居住用地面积占建成区面积的比重，还有城市工业用地面积占建成区面积的比重。鉴于我们研究的是城市结构与空气质量的关系，相比居住用地而言，工业用地更能影响空气质量，故我们选取工业用地面积占建成区面积的比重作为城市空间结构的代理变量。在符号预期上，工业用地面积比重越高，城市污染气体应该也会越多，故该项变量的符号预期为负，我们在后面的实证结果中观察，将该变量同其他变量一起放入模型中回归时，是否会出现和预期不同的情况。

假设 3：产业结构作为经济问题研究中常见的变量之一，其对空气质量的影响不容小觑。上述模型在引入产业结构变量后拓展为以下形式：

$$\ln \text{day}_{it} = \beta_0 + \beta_1 \ln \text{ecoscale}_{it} + \beta_2 (\ln \text{ecoscale}_{it})^2 + \beta_3 (\ln \text{ecoscale}_{it})^3 + \\ \beta_4 \ln \text{popstruc}_{it} + \beta_5 \ln \text{spatistru}_{it} + \beta_6 \ln \text{industru}_{it} + \beta X_{it} + \varepsilon_{it} \tag{4}$$

式中，industru 表示城市产业结构。普遍使用的产业结构划分方法即三次产业结构划分方法，故我们也选用三次产业结构指标，而具体来看，与空气质量联系较为紧密的是第二产业的产业结构，故我们将第二产业占生产总值的比重作为产业结构变量的代理变量引入模型。从另一个侧面来讲，第二产业比重也代表城市工业化程度，故当第二产业占比越高时，工业化程度也越高，在一般情况下工业污染气体排放就会随之增加，导致空气质量也随之下降，因此我们预期产业结构变量的符号为负。

假设 4：城市固定投资中的市容环境卫生公用设施建设投资比重代表着城市环境保护的努力程度，该比重越大，城市空气质量应当越好。故我们引入该投资结构变量并将模型拓展为以下形式：

$$\ln \text{day}_{it} = \beta_0 + \beta_1 \ln \text{ecoscale}_{it} + \beta_2 (\ln \text{ecoscale}_{it})^2 + \beta_3 (\ln \text{ecoscale}_{it})^3 +$$
$$\beta_4 \ln \text{popstruc}_{it} + \beta_5 \ln \text{spatistru}_{it} + \beta_6 \ln \text{industru}_{it} + \quad (5)$$
$$\beta_7 \ln \text{investstru}_{it} + \beta X_{it} + \varepsilon_{it}$$

式中，investstru 表示城市市容环境卫生公用设施建设固定资产投资占当年固定资产投资的比重，但由于该数据只有 2006—2011 年这六年的数据，缺的值较多，故我们选取了适当的方法进行回归。该变量的符号预期为正。

假设 5：假设以上所有变量所依赖的基本 EKC 模型仍然存在动态效应，因此有了上述拓展模型的动态形式：

$$\ln \text{day}_{it} = \beta_0 + \delta \ln \text{day}_{i,t-1} + \beta_1 \ln \text{ecoscale}_{it} + \beta_2 (\ln \text{ecoscale}_{it})^2 +$$
$$\beta_3 (\ln \text{ecoscale}_{it})^3 + \beta_4 \ln \text{popstruc}_{it} + \beta_5 \ln \text{spatistru}_{it} + \quad (6)$$
$$\beta_6 \ln \text{industru}_{it} + \beta_7 \ln \text{investstru}_{it} + \varepsilon_{it}$$

至此，我们拟研究的解释变量均已引入模型中，并且，在所有模型中，为避免出现异方差，对所有非百分数的数据均取自然对数，而由于百分数取对数后没有经济意义，故保留其原值引入模型。

7.4　变量选取与数据处理

7.4.1　人口结构

邬沧萍认为，人口是导致环境质量发生变化的关键因素，在过去，我国城市人口规模的扩张与集聚都是以破坏生态环境为代价的。除了人口规模和人口集聚因素外，人口结构也会对环境质量的变化产生重大影响。可持续发展理念的提出，就是人类对人口问题的认识发生了变化，不仅人口数量对环境有影响，而且人口素质、人口结构都对环境质量有影响。

在上文中我们提到，人口结构包括人口在多个方面的比例关系。在研究人口与环境关系的文献中，学者们选用不同指标来研究人口的不同方面对环境的影响。本书为了更突出城市特征，用城市年末非农业人口占比来作为人口结构的代理变量。事实上，该指标就是衡量城市化率的重要指标，它反映了一个城市的城市化进程。在第五章和第六章我们已经分别对人口规模和人口集聚对环境空气质量的影响做了分析，本章从结构方面来分析城市人口对环境空气质量的影响。

7.4.2　空间结构

城市空间结构，是指各类要素在城市空间内的分布及其相互间的作用机制，它既包括空间形态，也包括作为空间形态的内在机制的社会过程及它们之间的相互关系。

城市空间结构是城市结构的空间属性。我们在考察城市空间结构时，不仅要从已经形成的城市空间结构分布状态来看，还要从形成该空间结构状态的过程来看，才能从深层次上分析城市空间结构的形成原因。

城市空间结构包括静态空间和动态空间。静态空间包括如居民住房、企业厂房、公共绿地等为城市提供不同功能的设施建设；动态空间包括如道路、地铁等交通设施建设。由于篇幅的限制，本章选取对城市环境影响力比较大的工业生产用地占城市土地总面积这一静态空间结构变量，来分析城市空间结构对环境空气质量的影响情况。

7.4.3　产业结构

之前提到过，产业结构有很多种划分方法，学者们通常针对不同的研究对象来选择合适的产业结构指标以实现不同的研究目的。由于数据来源有限，本书选择常用的三次产业结构划分方法来选取产业结构指标。又因为我们研究的是城市结构与环境空气质量的关系，故选择对环境空气质量影响最为显著的第二产业占生产总值的比重作为我们的产业结构代理变量，以考察城市第二产业产值比重的增减对环境空气质量产生的影响。

7.4.4 投资结构

在投资结构变量的选取中，我们选取与城市环境质量密切相关的各城市环境保护投资额占固定资产投资总额的比重作为研究对象。关于环境保护投资指标，学者们多选取环境污染治理投资，一般包含三部分：工业污染源治理投资、建设项目"三同时"环保投资、城市环境基础设施建设投资。也有学者在环境污染治理投资指标中选择新建项目污染防治投资。

从中国经济与社会发展统计数据库中可以看到，常用的环境投资指标有诸如环境污染治理投资额、污染源治理本年投资额以及城市环境设施投资额等数量指标，也有如城市市容环境卫生公用设施建设固定资产投资占比、城市园林绿化公用设施建设固定资产投资占比等质量指标。虽然这些指标在样本期内的数值均很难收集完整，但好在城市市容环境卫生公用设施建设固定资产投资额数据，以及城市园林绿化公用设施建设固定资产投资额数据至少有六年数据，虽也有一定的缺失值，但并不影响面板的动态回归，我们只需要在做动态面板回归时选择适用于缺省值较多的"Orthogonal Deviation"（正交离差变换法）进行回归即可。因此，我们选择城市市容环境卫生公用设施建设固定资产投资额占当年固定资产投资总额比重作为投资结构的代理变量，用以分析环保投资比重对空气质量的影响。

表 7-1 所示为上述变量的说明及数据来源。

表 7-1　变量的说明与数据来源

变量名称及标识	指标（单位）	数据来源
人口结构 （popstru）	年末非农业人口数占总人口数比重（%）	中经网数据库
空间结构 （spatistru）	工业用地占建成区面积比重（%）	中国经济与社会发展统计数据库
产业结构 （industru）	第二产业占生产总值比重（%）	中经网数据库
投资结构 （investstru）	城市市容环境卫生公用设施建设固定资产投资占当年固定资产投资总额比重（%）	中国经济与社会发展统计数据库、中经网数据库

表 7-2 所示为变量的描述性统计。

表 7-2　变量的描述性统计

变量标识	均值	标准差	最小值	最大值	观测数	假设预期
popstru	85.19	15.57	39.49	133.19	295	不确定
spatistru	19.48	8.36	0.63	85.51	289	负向
industru	42.89	8.10	19.61	60.49	299	负向
investstru	21.89	7.40	1.03	47.57	298	正向

观察表 7-2 中的均值和标准差可知，各变量的数据集没有出现奇异值，故原数据的数据质量是好的，可以用来做模型的实证分析。

7.5　实证结果及其分析

城市结构的变动是城市经济发展的重要因素，我们研究其对于环境质量的影响在多大程度上可以作为揭示 EKC 模型"黑箱"的深层原因。我们可以通过实证方法深入探究城市结构对环境空气质量有何影响。

如表 7-3 所示，"基准模型动态 GMM（1）"列仍然列出作为基准模型的 EKC 模型的动态形式的回归结果，以该回归结果为参照，我们来看后面四列的结果在基准模型的基础上都有哪些不同的变化。"拓展模型动态 GMM（2）"列是在动态 EKC 模型基础上加入了人口结构因素，具体来讲，是加入了非农业人口占总人口比重的数值以观察非农业人口比重的增减对空气质量的影响情况。如表 7-3 所示，人口结构变量的系数为负，说明和第五章讨论的人口规模以及第六章讨论的人口集聚一样，人口结构对空气质量的影响也是负向的，非农业人口比重增加会导致空气质量的恶化。另外，该系数的绝对值为 0.000479，说明非农业人口比重越高，空气质量会越差，具体来讲，非农业人口比例每增加 1%，空气质量便发生约 0.5% 的恶化。

表 7-3　总体动态 GMM 回归估计结果

解释变量	基准模型 动态 GMM （1）	拓展模型 动态 GMM （2）	拓展模型 动态 GMM （3）	拓展模型 动态 GMM （4）	拓展模型 动态 GMM （5）
ln day $_{(-1)}$	0.317763*** （0.0000）	0.313664*** （0.0000）	0.331349*** （0.0000）	0.328607*** （0.0000）	0.151877*** （0.0000）
ln ecoscale	6.239506*** （0.0000）	4.798698*** （0.0001）	3.609548** （0.0187）	−4.898893** （0.0416）	5.656504** （0.0138）
$\ln^2$ ecoscale	−0.956177*** （0.0000）	−0.683218*** （0.0004）	−0.441750** （0.0499）	0.850904** （0.0232）	−0.890805** （0.0155）
$\ln^3$ ecoscale	0.049404*** （0.0000）	0.033684*** （0.0006）	0.019099* （0.0785）	−0.045244** （0.0188）	0.047867** （0.0143）
popstru		−0.000479*** （0.0000）	−0.000569*** （0.0000）	−0.000594*** （0.0001）	9.23E−05 （0.7039）
spatistru			0.002893*** （0.0000）	0.001742*** （0.0005）	0.002568*** （0.0031）
industru				−0.006007*** （0.0000）	0.003068** （0.0179）
investstru					0.017769*** （0.0000）
J−statistic	26.09837	29.25288	25.99278	20.80834	19.62733
Sargan	0.457708	0.253484	0.353531	0.592791	0.293733
样本量	240	235	224	223	123
形状	N 形	N 形	N 形	倒 N 形	N 形
对应 EKC 模型的曲 线形状	倒 N 形	倒 N 形	倒 N 形	N 形	倒 N 形

注：*、**、*** 分别表示在 10%、5%、1% 的显著性水平上显著；括号内为 p 值。

　　"拓展模型动态 GMM（3）"列是在 EKC 模型和人口结构基础上，再加入空间结构变量，衡量工业用地占建成区土地面积比例的增减对空气质量的影响。该变量的系数在 1% 的水平上显著为正，且其绝对值为 0.00289，也就是说，工业用地比重每增加 1%，空气质量就改善约 0.2%。可见，从绝对值大小来看，空间结构对空气质量的影响小于人口结构对空气质量的影响。说明人口因素仍然是影响空气质量的最重要因素，与第五章和第六章中人口规模、人口集聚变量相比其他规模变量和集聚变量更重要一样，在结构因素中，人口结构对空气质量的影响也是举足轻重的。

在分析了人口结构及空间结构等因素之后，我们再来考察产业结构对空气质量的影响。产业结构作为经济结构的内涵之一，经常作为分析经济结构与其他变量关系的代理指标。"拓展模型动态 GMM（4）"列中就是产业结构与人口结构、空间结构一同引入模型后的回归结果。结果显示产业结构的引入对模型中 EKC 模型的曲线形状有所改变，但对人口变量和空间变量的符号和大小均没有影响。就产业结构对被解释变量的影响来看，其影响在 1% 的水平上显著为负，其绝对值大小为 0.006007，意味着第二产业产值比重每增加 1%，空气质量就恶化约 0.6%。从弹性角度来看，作为经济结构的重要变量，产业结构对空气质量的影响要强于人口结构和空间结构等因素。

最后，为了加入一项和环境保护有关的结构变量，我们选择了城市市容环境卫生公用设施建设投资占固定资产的比重，作为投资结构变量引入模型中来，并同样进行动态 GMM 回归。但由于"城市市容环境卫生公用设施建设投资"数据缺失值较多，故我们在回归时选择正交离差变换法回归方法进行回归，结果见表 7-3"拓展模型动态 GMM（5）"列所示。环保投资结构变量虽然没有改变 EKC 模型的曲线形状，但却改变了人口结构和产业结构的符号。这或许可以解释为，虽然非农业人口比重增加和第二产业产值比重增加均会恶化空气质量，但如果与此同时增加环保投资的比重，那么非农业人口比重增加和第二产业产值增加不但不会恶化空气质量，反而会凸显出更多的正效应。这也可以提醒相关部门，只有环保部门加强环境保护工作，其他经济部门才能实现其最大利益，整座城市也才能得到最大的收益。

观察上述五列的 J 统计量和 Sargan 检验，发现各模型均未产生过度识别问题，工具变量选择合适，各模型均设定正确。在此基础上，为了进一步深入研究城市结构对空气质量的影响问题，我们对数据进行分组分析。从上述的分析中可以看到，产业结构对空气质量的影响弹性最大，而环保投资结构对空气质量的走势起着关键的作用，故我们选择产业结构和投资结构这两个变量作为分组依据，分别以 2012 年第二产业产值占当年生产总值比重的平均值，以及 2011 年城市市容环境卫生公用设施建设投资占当年固定资产投资比重的平均值，将数据分别分成两组数据，分组情况见表 7-4。

表 7-4　分组回归的城市划分方法

划分对象	指标	划分依据	分组	城市个数
城市结构	产业结构	2012 年第二产业产值占生产总值比重	高于平均值	18
			低于平均值	12
	投资结构	2011 年城市市容环卫投资比重	高于平均值	8
			低于平均值	22

注：对 2012 年数据缺失的城市，用前三年数据的平均值代替。

在上述分组基础上，我们对各个分组按照拓展模型动态 GMM（5）进行动态回归，并分析其与总体之间出现异同的原因，分组回归结果如表 7-5所示。

为了将各组数据的回归结果按变量进行比较，我们不妨横向来观察表 7-5。

第一行显示的是被解释变量的滞后项在各分组城市的作用大小及方向，从结果来看，空气质量对数的一阶滞后项的作用在各组均很显著，且在两组产业结构分组数据中的系数均显著为正，在两组投资结构分组数据中的系数均显著为负，说明按照不同的依据进行分组的空气质量对其本身的滞后项的敏感性是不同的。

第二、三、四行共同反映了各组城市的 EKC 模型的曲线形状，结果显示各组 EKC 曲线形状均呈 N 形。

第五行是人口结构对空气质量的影响在各分组中的回归结果，除了第二产业产值比重低于平均值组城市的人口结构对空气质量有负向作用外，其他城市结果都与总体回归结果一致，即人口结构受投资结构的影响对空气质量的改善起到了正向作用。

第六行是空间结构对空气质量影响的分组回归结果，其中，第二产业产值比重高的城市和环保投资低的城市的回归结果与总体一致。即工业用地面积比重增加改善了空气质量；而第二产业产值比重低的城市和环保投资高的城市的回归结果却刚好相反，这两组城市的工业用地面积比重增加使空气质量恶化。因此，我们可以认为，简单地按照工业产值比重分组和环保投资比重分组后，各分组城市的空间结构与空气质量的关系会受到不同分组的影响。单纯地来考虑工业用地面积比重对空气质量的影响时，我们可以预期该影响是负向的；但由于工业用地面积比重增加有两种情况：第一种情况是，工业用地面积增加，但工业投资或者产值并没有增加，那也就是说工业生产的污染气体与工业用地面积的比重减小，从而可以稀释污染气体密度，如果再加上生产效率的提高、污染气体处理率的提高，那么工业用地面积增加导致空气质量改善是合理的，我们也就可以理解第二产业产值比重高的城市和环保投资低的城市的回归结果了；第二种情况是，工业用地面积增加，工业投资或者工业产值也随之增加甚至增加得更多，那就会导致工业生产的污染气体的密度增大，用化学中溶剂和溶质的道理为例来说，虽然溶剂增多了，但溶质也增多甚至增多得更快，那么不难理解即使工业用地面积增加也不一定能改善空气质量，或许会恶化空气质量，这也就是出现第二产业产值比重低的城市和环保投资高的城市的回归结果的原因，我们要看的是各因素综合作用的结果，需要判定最终的污染气体密度才能确定某变量的最终效应。

表 7-5　城市分结构动态 GMM 回归估计结果

解释变量	产业结构		投资结构	
	高于期末平均值	低于期末平均值	高于期末平均值	低于期末平均值
$\ln day_{(-1)}$	0.142706*** （0.0088）	0.348340*** （0.0001）	−0.221409*** （0.0005）	−0.042538* （0.0569）
$\ln ecoscale$	−19.08016*** （0.0094）	−1.147639 （0.2698）	−7.433465*** （0.0018）	−6.318522 （0.4260）
$\ln^2 ecoscale$	3.211725*** （0.0068）	0.242818 （0.1298）	1.086406*** （0.0015）	0.882043 （0.4633）
$\ln^3 ecoscale$	−0.173589*** （0.0058）	−0.014176* （0.0817）	−0.047228*** （0.0034）	−0.040016 （0.5067）
popstru	0.035684 （0.2436）	−0.057288** （0.0149）	0.000819 （0.3423）	0.001300*** （0.0094）
spatistru	0.008814 （0.7064）	−0.002851*** （0.0083）	−0.003901*** （0.0003）	0.002793* （0.0569）
industru	−0.080494 （0.2247）	−0.136838*** （0.0000）	−0.001261 （0.4731）	0.006869*** （0.0000）
investstru	0.030196** （0.0475）	−0.000636 （0.4462）	−0.023026 （0.1907）	−0.002768 （0.7165）
J−statistic	15.05951	18.92331	16.25768	9.114329
Sargan	0.129907	0.839651	0.297893	0.823658
样本量	142	79	30	93
形状	倒 N 形	倒 N 形	倒 N 形	倒 N 形
对应 EKC 模型的曲线形状	N 形	N 形	N 形	N 形

注：*、**、*** 分别表示在 10%、5%、1% 的显著性水平上显著；括号内为 p 值。

　　再来看第七行中产业结构对空气质量的影响在各分组城市中的回归情况，除了在投资结构低于平均值组的回归系数为正之外，在其余三组的回归结果均为负。也就是说，在大多数情况下，第二产业产值比重越高，空气质量也会越差。这和我们的预期是相符的，第二产业较第一产业和第三产业一般都会释放较多的污染气体，其比重的增加必然会导致空气质量的恶化。具体而言，环保投资比重低的城市以中小城市较多，但若这些城市的生产效率、能源利用率及废气处理率等方面有所改善的话，即使第二产业产值比重增加，也不一定会导致空气质量的恶化，或许像回归结果中一样，还能改善空气质量。

　　最后一个加入的变量是投资结构变量，表示的是各城市有关环境保护的投资结构变化所带来的环境空气质量的变化情况。从表中可以看出，从四组城市的系数符号上来看，只有第二产业产值比重较高的城市组的回归结果和总体回归结果一致，环保投资的效应均为正向效应，即表示城市环保投资比重上升，将使环境空气质量得到改善；而其他三组，即第二产业产值比重较低的城市组、环保投资比重较低的城市组和环保投资比重较高的城市组的回归结果同总体相反，环保投资比重上升却会带来环境空气质量的恶化。这是为什么呢？在环保投资比重较低的城市，出现这样的结果或许是因为虽然该组城市的环保投资比例增加了，但环境保护的力度还是没有办法弥补环境恶化的程度，故在数字上出现了这样一种反常的现象；在另两组城市中出现这种结果或许是因为在环保投资比重上升的同时，还受到了诸如重化工产业投资比重上升、气象条件不好等情况的影响，从而使得我们的回归结果并不能单纯地表示投资结构改变所带来的对环境空气质量的影响方向。

　　综上所述，从总体上来讲，人口结构中非农业人口比例的增加会恶化空气质量，空间结构中工业用地空间比重的增加会改善环境空气质量，产业结构中第二产业比重的增加会加重城市环境空气污染的程度，环境保护投资比例的上升会改善城市环境空气质量。从分组回归结果来看，分组城市与总体城市情况会出现一些异同，这取决于城市在人口结构、空间结构、产业结构和投资结构方面与总体是否一致，也与各城市在样本期内具有的特殊发展历程和发展模式有关。也就是说，城市结构因素中的各个变量在总体中还能比较好地反映相应的结构变量变化对城市空气质量的影响情况，但在分组回归中，我们需要将更多地因素考虑进来，综合分析出现与总体存在差异的原因。或许也是因为，在将 30 个城市进行分组之后，城市个数过少，对模型的解释能力较弱，我们在以后的研究中可以将研究对象扩展到我国地级城市，将研究的时间范围也相应扩大，或许能得到更好、更能解释现实的回归结果。

7.6　本章小结

本章基于我国城市发展过程中城市人口结构、空间结构、产业结构和投资结构变动的历史及其现状，在第四章所建立的用经济规模表示的 EKC 模型基础上，引入城市结构因素中的人口、空间、产业和投资结构变量，考察了城市结构因素对环境空气质量影响的动态效应。

为了从总体上分析城市结构因素对环境空气质量的影响情况，我们针对总体省会城市进行了实证回归，且分析了城市结构因素的各个变量对环境空气质量的影响方向及影响程度。回归结果显示，非农业人口比例的增加会恶化空气质量，工业用地空间比重的增加会改善环境空气质量，第二产业比重的增加会加重城市环境空气污染的程度，环境保护投资比例的上升会改善城市环境空气质量。也就是说人口结构、产业结构这两个城市结构因素对环境空气质量有动态的正向影响效应，而空间结构和投资结构因素对环境空气质量有负向的动态影响效应。

为了考察省会城市在结构因素方面的异质性对环境空气质量影响的差异性，我们选择了产业结构和投资结构两个因素对省会城市进行分组，以两个结构变量的期末平均值为界限，将城市分别分为两组，并对四组数据分别进行回归。回归结果显示，各组城市与总体回归结果总是有一些异同，出现相同结果的城市组的情形可能与省会城市总体情形更接近，也有可能是因为统计上的一些因素，如城市个数多的组同总体回归结果可能更相近；出现不同结果的城市组的情形可能与省会城市总体情形相差甚远，也有可能是因为统计上的一些因素，如城市个数少的组与总体回归结果可能大有不同。

对应现实情况来看，非农业人口比例的增加从侧面反映了城市人口的相应增加，而城市工业用地空间比重的减少意味着城市居住用地空间的增加，这又从另一个侧面说明了城市人口有所增加才刺激了城市居住用地空间的扩展。从这两个侧面因素对环境空气质量的影响来看，城市政策制定者制定限制人口向城市流动的政策以减缓城市环境压力的举措是合理的。此外，东部省会城市将重工业产业向西部转移的举措是有助于减缓东部省会城市环境压力的，这也符合本章的研究结论，即第二产业比重越高环境空气质量越差；但对西部省会城市来说，不能毫无门槛地承接这类高污染产业的转移，应适当设置转入门槛，不至于使西部省会城市成为东部省会城市的"污染避难所"，同时也需要合理的产业转型，以便提升各个产业的生产效率，降低污染物排放强度，从而减缓城市经济发展对环境空气质量带来的压力。

第八章 城市空间对环境空气质量的影响

这一章，我们来看看城市经济发展中的最后一个因素（城市空间）对环境空气质量的影响情况。城市空间因素是考察一个城市宜居程度的重要因素，其中，城市的总体空间为城市进行大规模生产需要的生产资料和生活资料提供了用地保障；城市的居住空间代表着城市居民在城市中所拥有的居所的宽敞度、舒适度，也代表着这个城市对其他地区人口的吸引能力；绿地空间在一定程度上代表了城市环境质量状况，也决定着人们是否选择在一个城市长久地居住；道路空间代表了人们在城市工作和生活的可达性强弱，一个有着发达公交系统的城市必定会吸引更多的居民和企业进入该城市。然而，这所有有关城市空间的因素，在成为城市宜居程度的衡量指标的同时，由于其对居民和企业的吸引能力，间接地造成了对城市环境空气质量的影响。

8.1 城市空间的发展现状

城市经济的发展伴随着城市规模扩张、城市集聚加剧以及城市结构的不断变迁，城市空间的扩展也成为城市经济增长的另一重要表现。由于本章将城市空间因素分为总体空间、居住空间、绿地空间和道路空间四个方面，因此我们从这四个方面来考察样本期内各城市空间演变的历史与现状。

首先，作为城市空间因素中最综合的方面，我们来考察城市总体空间即人均城市建成区土地面积的演变情况。图 8-1 显示了 2003—2012 年我国部分省会城市总体空间的变化情况。

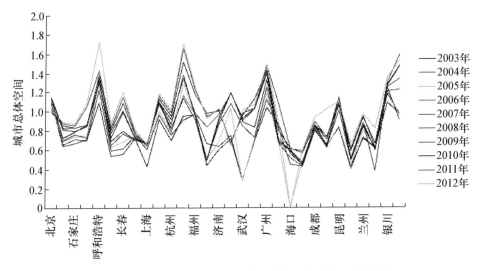

图 8-1 2003—2012 年我国部分省会城市总体空间的变化情况

从变动幅度来看，北京市的人均建成区面积在 2003—2012 年间变化不大，基本保持在每万人拥有 1 平方公里建成区面积的范围内，还有哈尔滨、成都、贵阳、西安和银川等省会城市在样本期内的总体空间变动幅度约 0.2 左右。城市总体空间变动幅度比较大的城市有呼和浩特、长春、合肥、南昌、郑州、武汉、广州、乌鲁木齐等省会城市，在样本期内其总体空间拓展较快，变动幅度为 0.4 ~ 0.6。

从省会城市的总体空间大小来看，呼和浩特、合肥、广州和乌鲁木齐四个城市在 2012 年时每万人拥有的城市建成区土地面积约为 1.5 平方公里，而上海、南昌、武汉、西安和西宁五个城市的总体空间较为拥挤，在样本期内最低时每万人拥有的城市建成区土地面积还不到 0.4 平方公里。

总体来看，除了个别城市（如海口）在个别年份数据缺失从而表现出奇异值之外，其他省会城市的总体空间在 2003—2012 年间都在一定程度上有所拓展，其中尤其以中部地区省会城市最为明显，其次是东北地区省会城市，还有乌鲁木齐的城市总体空间拓展也比较迅速。

其次，我们来观察 30 个省会城市在居住空间方面的变化情况，如图 8-2 所示。需要指明的是，数据点落在横轴上的点是数据缺失的点，分析曲线时可以忽略这些点。

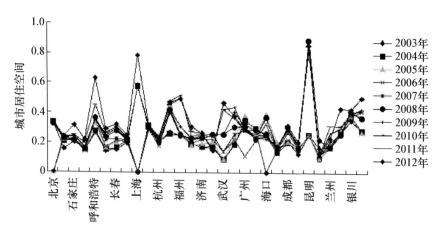

图8-2 2003—2012年我国部分省会城市居住空间的变化情况

从变动幅度来看，昆明在2007年以前每万人拥有的居住空间约为0.25平方公里，从2007年开始上升到每万人约0.85平方公里，这个变化可能是因为在2007年昆明市采取了某些和住房建设有关的政策，也有可能是因为其居住用地的统计口径发生了变化。也就是说，这种突然的改变可能和社会保障政策和统计政策的变化相关，而不是随时间自然波动的结果。上海出现这种突变的原因是数据缺失太多，从而在时间点上不能表现为连续渐变的效果。呼和浩特、合肥、福州、武汉和南昌等城市的居住空间随时间发生渐变的幅度较大，约为0.2～0.4平方公里。天津、太原、哈尔滨、杭州、贵阳、西安、兰州和银川的居住空间变动幅度在0.08平方公里左右，变动幅度较小。

从省会城市的居住空间大小来看，北方地区居住空间相对比较宽敞，而南方地区的居住空间相对拥挤。这和经济发展所吸引的人口数量有关，人口数量多的城市大多也是居住空间较为拥挤的地区；也和各地土地宽裕度、住宅建设政策和统计口径有关，因此土地较宽裕的北方省会城市多半也有着较大的居住空间。

再次，我们来看看我国省会城市绿地空间的变动情况。如图8-3所示，落在横轴上的点是缺失的点，我们不予讨论。从绿地空间发展的历史来看，人均绿化覆盖面积在2003—2012年间的最大值超过60公顷/万人的城市有呼和浩特、合肥和广州三个城市；人均绿化覆盖面积在2003—2012年间的最大值在50公顷/万人～60公顷/万人的城市有北京、南京、成都、昆明、银川和乌鲁木齐等七个城市。其余城市的人均绿化覆盖面积在2003—2012年间的最大值均在50公顷/万人以下。从绿地空间的变动幅度来看，2003—2012年间变动幅度较大的城市有天津、呼和浩特、合肥、广州、成都、昆明、银川和乌鲁木齐，可见，这几个城市同时又是人均绿化覆盖面积最大值超过了60公顷/万人的城市，也就是说，这些城市的绿地空间变动主要体现在逐年绿地空间的增加，且多半在期末达到最大值；2003—2012年间，绿地空间变动幅度较小的城市为北京、哈尔滨、南京和南宁四个城市。从总体来看，所有省会城市的人均绿地面积均在增加，只是增加的幅度不同。

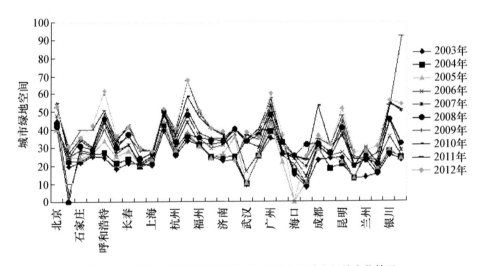

图8-3 2003—2012年全国部分省会城市绿地空间的变化情况

最后，我们来看看省会城市道路空间的变动情况。从图8-4可以看出，南京、合肥和济南三个城市的城市道路空间在2012年达到最大值，分别为20.65平方米/人、21.85平方米/人及20.59平方米/人。从数据分布来看，东部地区和中部地区省会城市的道路空间大多在10平方米/人～20平方米/人，而西部城市的道路空间大多集中在 5 平方米 / 人～10 平方米 / 人。从变动范围来看，太原、重庆和乌鲁木齐三个城市在 2003—2012 年间的道路空间变动幅度较小，且均在 10 平方米 / 人的低位进行变动。也就是说，这三个城市十年来的道路空间拓展不足，或许是因为人口与铺装道路同比例波动，也或许是因为人口和道路的变化均比较稳定。石家庄、沈阳、哈尔滨、郑州和长沙等东部地区和中部地区省会城市的道路空间变动幅度较大，相比道路空间变动幅度较小的城市来说，这些变动幅度较大的城市同时也是商品交易较发达的地区。可见，城市经济发展与交通运输的便利性是密不可分的，二者互相制约、互相影响。

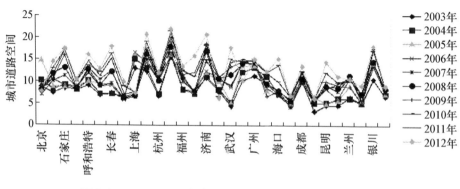

图 8-4 2003—2012 年全国部分省会城市道路空间变化情况

8.2 城市空间对环境空气质量影响的理论分析

我们在本章开头提到，城市空间因素为企业的生产和生活提供了场所和舒适性，因此，城市空间因素的改变也会间接地影响城市环境空气质量。我们分别从城市总体空间、居住空间、绿地空间和道路空间四个方面，对这种间接影响的机理进行阐释。

8.2.1 总体空间对环境空气质量的影响

总体空间，从理论上讲，是指城市整个地域面积，但由于我们研究的对象是省会城市，在研究环境空气质量时，城市所辖的县、区地域面积并不能因为增加了面积而对市区的空气质量起到改善作用，再加上我们所使用的数据均为市辖区数据，所以在城市土地面积指标的选择上，我们使用了城市建成区土地面积指标。另外，从居民的舒适性感受出发，人均面积要比总面积更具有代表性，再加上对各城市空间指标可比性的考虑，我们选择用城市建成区土地面积除以城市总人口的比值作为衡量城市总体空间的代理变量。那么，城市总体空间是如何对城市环境空气质量产生影响的呢？

首先，我们从简单的假设开始。假设所有影响城市环境空气质量的其他因素都不变，只有城市建成区面积增加，从而使城市总体空间增加了，那么，环境空气质量是变好还是变坏？我们的结论是变好。这是因为其他因素不变，空间增加了，这就意味着城市有更广阔的空间去稀释原有的空气污染物，说明城市的自净能力提高了，从而使城市空气污染物浓度下降，环境空气质量上升。如果假设其他因素不变，但城市总体空间增加是因为城市总人口减少了，那么城市的环境空气质量也会因为较少的人口释放较少的生活污染物而得到改善。也就是说，从理论上讲，只要是单纯地增加城市总体空间，那么，城市环境空气质量将趋于改善；反过来，单纯地缩减城市总体空间，那么，城市环境空气质量将趋于恶化。

其次，我们加入企业和居民等微观因素的变化。我们知道，上述简单的假设只能是一种理想的状态，在现实中，城市总体空间的增加，很有可能伴随着企业或者居民这些微观主体的迁入或者迁出。从城市总体空间变量的构造可知，城市总体空间增加，要么是因为建成区面积的增加，要么是城市总人口的减少，我们分以下两种情况来考虑。

第一，建成区面积增加。考虑到企业和居民会因为城市有更广阔的空间而向城市迁移，为了分析方便，我们在这里假设迁移的企业和居民只在新增的城市土地面积范围内生产和生活，那么新增的企业和居民将会在城市新增的地域范围内释放新的工业污染物和生活污染物。如果这些污染物刚好和新增城市地域面积所提供的环境自净能力相当，则整个城市的环境空气质量将维持不变；如果这些新增的污染物超过新增土地面积所能提供的环境自净能力，那么整个城市的环境空气质量便会因为新增的土地面积而恶化；如果城市新增的土地面积的自净能力超过了新增企业和居民释放的空气污染物的排放量，那么整个城市总体上的环境空气质量将趋于改善。

第二，城市总人口减少。此时可能会有三种情况，第一，城市原有的环境自净能力不变，但城市生活污染物减少，从而使城市环境空气质量趋于变好；第二，城市总人口减少，会使得企业由于劳动力的缺乏和需求的减少而迁出该城市，此时工业污染物也相应减少，城市的环境空气质量得到改善；第三，企业并不决定撤出城市，而是开始转型发展，此时要根据转型后的生产模式与之前相比，在资源利用、污染物排放和污染物处理方面的改变：若在这些方面的能力有所提升，则该城市环境空气质量趋于变好；若在这些方面的能力有所下降，则该城市环境空气质量趋于变坏。

最后，我们将城市中其他主体的行为考虑进来，比如说政府行为。政府在城市建成区土地面积增加时，会有动力通过招商引资政策来吸引能带来高收益的企业迁入新增的城市空间内，且为了吸引企业的迁入，会建造一些园林绿地和住宅建筑等以使新增的城市空间更适宜居住。此时，如果迁入企业和居民的生产和生活污染物排放量超过了环境自净能力与园林绿地净化能力的总和，则环境空气质量将会恶化；如果迁入企业和居民的生产和生活污染物排放量刚好等于环境自净能力与园林绿地对空气净化能力的总和，那么环境空气质量将保持原状；如果新的环境自净能力与园林绿地净化能力总和可以完全吸收迁入企业和居民的生产和生活污染物排放，那么整个城市总体上的环境空气质量将会得到改善。

在现实生活中，城市总体空间的改变不一定只是因为建成区面积增加，也不一定只是因为城市总人口减少，或许是二者都有变化，然后引起城市总体空间的改变。此时，对于城市总体空间改变带来的环境效应，应该综合考虑才能得到合理的结论。

8.2.2　居住空间对环境空气质量的影响

居住空间，即居民每个人所拥有的住房建筑面积，其宽敞度在一定水平上代表了城市的宜居程度和居民的生活舒适度。但一个城市居住空间的增大，并不仅仅提高了城市的宜居程度，它还会带来一系列的变化，比如人口的迁入、企业的迁入。也就是说，短期内城市居住空间增加，并不意味着长期居住空间依然宽敞，或许由于迁入人口众多以至于新增的城市居住空间并不能满足新增人口，那么居住空间最终还是变小了。具体的，我们从居住空间变量的构造出发，从两个方面来考虑居住空间对环境空气质量的影响机理。

第一，居住空间增大是单纯地由增加城市住宅建设面积引起的。

首先，我们假定此时其他因素都保持不变。那么，城市的土地面积并未有什么变化，单纯的居住建筑面积增加并不能增加城市环境的自净能力，又假设其他因素（如人口等）都不发生变化，那么，此时居住空间增大并不能给环境空气质量带来任何改变。其次，如果城市新增住宅面积的实现是通过新增城市建成区土地面积来完成的，那么新增的土地就增加了环境的自净能力，又加上其他因素保持不变，因此此时环境空气质量得到改善。最后，城市新增住宅面积的实现是通过新增城市建成区土地面积来完成的，但如果此时新增的居住建筑吸引了大量的外来人口和企业的迁入，那么，如果新增的环境自净能力刚好能够净化迁入的企业和居民释放的生产和生活污染物，那么环境空气质量不变；如果新增的环境自净能力不能够完全净化迁入的企业和居民释放的生产和生活污染物，那么环境空气质量趋于恶化；如果新增的环境自净能力超过迁入的企业和居民带来的环境压力，那么环境空气质量将会变好。

第二，居住空间增大是单纯地由城市人口减少引起的。

此时城市土地面积、城市住宅建筑面积等所有其他因素都保持不变，那么单纯的人口减少，就意味着城市中生活污染物的排放源减少，从而使得环境空气质量得到改善。如果此时将人口和企业等微观主体的变化加入进来，那么一方面由于人口的减少，企业会由于劳动力和市场的因素迁出该城市，则生产污染物排放源也会减少，从而使环境空气质量得到进一步改善；另一方面，或许人口的减少会促使企业提高劳动生产率、提高能源利用率，从而降低企业成本，减少劳动力的耗费，并注重污染物的处理再利用，形成良好的资源能源的循环利用，此时，人口减少带来的居住空间增大会使环境空气质量得到改善。也就是说，在更多情况下，人口减少带来的居住空间的增大会使环境空气质量得到改善。

可见，城市居住空间的改变对环境空气质量的影响不是一成不变的，我们需要根据具体的改变因素和改变程度来分析得出具体的结论。

8.2.3　绿地空间对环境空气质量的影响

为了研究城市绿地建设对环境空气质量的影响情况，我们在第五章已经研究了城市绿化规模对环境空气质量的影响情况，可知城市绿化规模对环境空气质量的改善具有促进作用。这与本节中研究城市绿地空间对环境空气质量的影响并不冲突，这是因为，城市绿化规模的扩大，只是一个总量概念，我们还需要考虑人均绿地的拥有量对环境空气质量的影响。

一个简单的假设就是，如果其他因素都不变而增加人均绿地空间，这要么是因为城市绿地规模的增加，要么是因为城市人口的减少。如果单纯是因为绿地规模增加，则如第五章所分析的那样，其带来的是空气质量的改善；如果单纯是因为人口减少，那么空气质量也会因为生活污染物排放源的减少而得到改善。但现实情况是，人均绿地空间的增加有可能是绿地规模和人口规模同时变动引起的，这就可以分为四种情形：绿地规模和人口规模同时增加、绿地规模和人口规模同时减少、绿地规模增加而人口规模减少、绿地规模减少而人口规模增加。

第一种情形，绿地规模和人口规模同时增加。如果人口增加所带来的生活污染物的增加超过了因为绿地规模增加而新增的环境自净能力，则环境空气质量趋于恶化；如果人口增加所带来的生活污染物的增加刚好被因为绿地规模增加而新增的环境自净能力都吸纳了，则环境空气质量保持不变；

如果人口增加的环境负效应小于绿地规模增加的环境正效应，即新增的生活污染物被新增的绿地规模的环境自净能力都吸纳了，则环境空气质量趋于改善。

第二种情形，绿地规模和人口规模同时减少。如果人口减少所带来的生活污染物的减少幅度大于因为绿地规模减少而降低的环境自净能力，则环境空气质量趋于改善；如果人口减少所带来的生活污染物的减少幅度刚好和因为绿地规模减少而降低的环境自净能力相等，则环境空气质量保持不变；如果绿地规模减少的环境负效应大于人口减少的环境正效应，即绿地规模的环境自净能力降低得比生活污染物排放减少的多，则环境空气质量趋于恶化。

第三种情形，绿地规模增加而人口规模减少。在一般意义上来讲，如果人口排放空气污染物的强度不变、每平方米绿地面积的吸纳能力不变，则此时，环境空气质量有变好的趋势。

第四种情形，绿地规模减少而人口规模增加。此时，环境空气质量有恶化的趋势，这也是我国大部分城市盲目扩大城市规模而环境保护力度又不足时出现"大城市病"的一种情形。

不论人口规模和绿地规模如何变化，我们不应该仅注意二者在量上的变化，还应该对其产生的效应和能力进行考量，因为在城市规模发展中，也存在规模经济和规模不经济，所以，量的增长不一定带来正的效应，需要我们对具体问题具体分析。

8.2.4　道路空间对环境空气质量的影响

城市的经济增长和规模扩张都离不开交通，城市空间的拓展更少不了交通的发展。城市，尤其是省会城市，作为周边地区的商品交易中心，交通成为其运输货物的必要通道，再加上人口、原材料等生产要素大量流动的需要，城市的交通体系必须不断完善才能满足城市经济发展的需要。交通运输的发达使得远距离的人们进行近距离交流成为可能，也为各城市其他要素间进行沟通交流提供了便利。

　　有学者认为只要了解了城市居民花在通勤上的时间和城市交通的空间分布，就能了解该城市空间结构的变迁情况。也就是说，城市的道路空间结构和其沿线城市各功能建筑的布局，决定了城市空间的形态和结构。因此，在城市空间因素对环境空气质量影响的研究中，道路空间成为重要的影响因素。一方面，道路空间的拓展，增加了居民的通勤距离，但在原有条件下会加重空气污染物的排放量；另一方面，道路空间的拓展又疏通了城市和周边区域的脉络，从而使企业和居民有可能迁入环境质量较好、离城市又不远的郊区进行生产和生活，再加上道路空间也在一定程度上拓宽了城市的地域范围，使得原有的空气污染物得以稀释，从而使道路空间对环境空气质量的改善起到了重要的促进作用。

　　具体来讲，新增道路空间即新增人均道路面积，那么，和之前分析的方法一样，道路空间的增加，也可以分几种情形来分析。

　　第一种情形，假设新增道路面积是在城郊区的铺装道路面积上增加，其他因素不主动发生变化。如果不考虑居民和企业的个人行为以及其他因素的变动，那么新增铺装道路面积的增加，一方面拓宽了城市建成区面积，另一方面又疏通了原有的城市格局，对空气污染物的扩散和流通起到了一定的作用，从而使空气质量得到改善。如果考虑居民和企业的行为，则在短期内，城市原有的企业和居民都没有动力迁移到新铺装道路的郊区，但从长期来看，随着郊区各类基础设施的完善，城市原有的一部分企业由于郊区较低的厂房租金和劳动力成本而逐渐迁到郊区，也有企业从其他城市在这里投资建厂；城市原有的一部分居民也由于郊区更低的住宅价格和更为优良的环境而搬迁到郊区，或许也有少量的其他城市或农村的人口也因为新的工作机会而居住在这里。此时，一方面，企业和居民的生产和生活会产生工业污染物和生活污染物，增加城市的空气污染物排放量；另一方面，原有的城市范围内的生产和生活活动还要与郊区的生产和生活活动进行流通和交流，因此，通勤量也会相应增多，城市的移动源污染物也会相应增加。从这两方面来看，城市的空气质量是趋于恶化的。但是，我们还有个要素没有考虑，即郊区的自净能力，如果这些污染物的排放在城市自净能力范围内时，总体环境空气质量也有可能变好，因为部分企业和居民已经迁到郊区，这使得城市中心区的环境污染物浓度下降，又由于郊区能够自我消解污染物，因此从总体上来看，整个城市的环境空气质量也有可能变好。

第二种情形，假设新增道路面积是在城市市区内完成的，城市主体的活动范围并没有增加，而是对城市市区的原有道路进行拓宽，或者道路网络更加密集，其他因素仍然不主动发生变化。此时，若不考虑城市居民和企业的行为，则环境空气质量也许会维持不变；但如果考虑企业和居民的行为，则应该从两个方面考虑：一方面，城市原有的企业和居民由于交通运输条件的发达，其生产和生活活动会更加活跃，因此也会产生更多的空气污染物，恶化空气质量；另一方面，城市便利的交通会吸引新的企业和居民入驻城区，从而加重环境压力，空气质量也可能随之恶化。

第三种情形，道路铺装面积不发生改变，而是人口减少，从而带来城市道路空间的增加，其余因素不变。那么，如果不考虑企业和居民的行为，则人口减少会减少生活污染物排放，从而改善环境空气质量。如果考虑企业和居民的行为，则人口减少会使得企业由于劳动力的不足而迁出该城市或者改变生产方式，如果是迁出，则城市环境质量变好；若改变生产方式则环境空气质量的变化就取决于企业生产方式如何转变：如果企业由于劳动力不足而提高劳动生产率，提高资源的使用效率，使生产活动变得更为清洁，那么空气质量则会改善；如果企业为了节约成本，低成本使用资源、浪费资源，也不进行废物处理及再利用，那么环境空气质量则会有恶化的趋势。

8.3　城市空间与环境空气质量关系模型的建立与拓展

同第五章和第七章一样，本章的研究仍以 EKC 模型为框架，仍然用经济规模变量构造的 EKC 模型作为本章的基准模型，如下所示：

$$\ln \text{day}_{it} = \beta_0 + \beta_1 \ln \text{ecoscale}_{it} + \beta_2 (\ln \text{ecoscale}_{it})^2 + \\ \beta_3 (\ln \text{ecoscale}_{it})^3 + \beta X_{it} + \varepsilon_{it}$$ （1）

在此基础上，加入城市的总体空间、居住空间、绿化空间以及道路空间四个变量，研究这四个空间因素对空气质量会产生什么样的影响。在加入每一个变量前，我们先提出假设，再逐步拓展模型。

假设 1：城市总体空间对空气质量有改善作用。城市总体空间的拓宽，在其他因素不变的情况下，可以降低污染气体的密度，从而提高空气质量。故我们将模型拓展为以下形式：

$$\ln \text{day}_{it} = \beta_0 + \beta_1 \ln \text{ecoscale}_{it} + \beta_2 (\ln \text{ecoscale}_{it})^2 + \beta_3 (\ln \text{ecoscale}_{it})^3 + \\ \beta_4 \ln \text{urbanspa}_{it} + \beta X_{it} + \varepsilon_{it}$$ （2）

式中，urbanspa 表示城市总体空间变量，加入模型中用以表示城市总体空间的改变对空气质量的影响。如假设中所提到的那样，我们预期该变量对空气质量有正效应，β_4 的符号预期为正的，如若结果与预期不符，必是与其他因素共同作用的结果，需要具体分析。

假设 2：城市居住空间对空气质量有改善作用。城市居住空间的改善意味着每单位面积上居住的人口密度减小，城市环境压力下降，空气质量也会得到改善。故将居住空间引入模型中来：

$$\ln \text{day}_{it} = \beta_0 + \beta_1 \ln \text{ecoscale}_{it} + \beta_2 (\ln \text{ecoscale}_{it})^2 + \beta_3 (\ln \text{ecoscale}_{it})^3 + \\ \beta_4 \ln \text{urbanspa}_{it} + \beta_5 \ln \text{livingspa}_{it} + \beta X_{it} + \varepsilon_{it}$$ （3）

式中，livingspa 表示城市居住空间变量，用来观察在城市总体空间基础上，居住空间的变化对空气质量是否真的具有改善的作用，我们预期 β_5 的符号为正。

假设 3：参考前两个空间变量的构造方法，我们构造了绿地空间变量，用以分析绿地的密度对空气质量的影响，并在式（3）基础上将其引入：

$$\ln \text{day}_{it} = \beta_0 + \beta_1 \ln \text{ecoscale}_{it} + \beta_2 (\ln \text{ecoscale}_{it})^2 + \beta_3 (\ln \text{ecoscale}_{it})^3 + \\ \beta_4 \ln \text{urbanspa}_{it} + \beta_5 \ln \text{livingspa} + \beta_6 \ln \text{greenspa}_{it} + \beta X_{it} + \varepsilon_{it} \quad (4)$$

式中，greenspa 表示绿地空间，代表一定空间内的绿化率，用来考察绿地密度对空气质量的影响。如果没有其他因素的干扰，从实际意义来讲，绿地密度越小，空气质量越好，其符号预期为正。但现实中会有多种因素互相影响综合作用，所以需要我们对实证结果进行合理的分析。

假设 4：交通始终是研究城市空间的关键因素，我们构造了道路空间变量引入模型，该变量代表着道路的通畅度或者拥挤度对空气质量的影响，将其引入后的模型变为：

$$\ln \text{day}_{it} = \beta_0 + \beta_1 \ln \text{ecoscale}_{it} + \beta_2 (\ln \text{ecoscale}_{it})^2 + \beta_3 (\ln \text{ecoscale}_{it})^3 + \\ \beta_4 \ln \text{urbanspa}_{it} + \beta_5 \ln \text{livingspa}_{it} + \beta_6 \ln \text{greenspa}_{it} + \\ \beta_7 \ln \text{traffspa}_{it} + \varepsilon_{it} \quad (5)$$

式中，traffspa 表示道路空间。道路空间对空气质量从两个方面起作用：一是在交通工具数量和排污水平等因素不变的情况下，道路空间越大，交通排放的气体释放空间越大，污染气体浓度越小，从而使空气质量越好；另一方面，道路空间扩大，意味着城市居民在城市范围内的活动范围扩大，通勤距离增加，这会使更多的人使用私有交通工具取代公共交通工具，从而增加了移动源污染气体的排放使空气质量降低。这两种作用孰大孰小决定着该变量最终对空气质量的效应，所以我们暂时无法确定该变量系数的符号，有待实证检验后进行分析。

假设 5：假设以上所有变量所依赖的基本 EKC 模型仍然存在动态效应，因此有了上述拓展模型的动态形式：

$$\ln \text{day}_{it} = \beta_0 + \delta \ln \text{day}_{i,t-1} + \beta_1 \ln \text{ecoscale}_{it} + \beta_2 (\ln \text{ecoscale}_{it})^2 + \\ \beta_3 (\ln \text{ecoscale}_{it})^3 + \beta_4 \ln \text{urbanspa}_{it} + \beta_5 \ln \text{livingspa}_{it} + \\ \beta_6 \ln \text{greenspa}_{it} + \beta_7 \ln \text{traffspa}_{it} + \varepsilon_{it} \quad (6)$$

至此，我们拟研究的解释变量均已引入模型中来，并且，在所有模型中，为避免出现异方差，对所有非百分数的数据均取自然对数，而由于百分数取对数后没有经济意义，故保留其原值引入模型。

8.4　变量选取与数据处理

佐佐木公明和文世一在《城市经济学基础》一书中强调他们研究城市经济学的焦点是"城市内空间"和"城市间空间"。具体来讲，城市内空间的代理指标有人均建成区土地面积、人均建成区绿化覆盖面积、人均道路面积及人均居住用地面积；城市间空间的代理指标有城市间距离和通勤距离。鉴于本书所研究的是城市内部经济的发展对城市自身环境空气质量的影响，城市间距离不在考察的范围内，故我们选择以上城市内空间的四个指标作为本书的城市空间代理变量。

8.4.1　总体空间

空间变量我们用人均值来表示，学者们都用诸如人均城市土地面积、人均建成区土地面积等指标衡量城市空间，我们也沿用这一选取方法，用人均建成区土地面积来表示城市总体空间，衡量城市总体上人均土地的拓宽是否对空气质量有着显著影响。如果有，具体又是怎样的影响方向与影响弹性。具体而言，我们用2003—2012年各省会城市建成区土地面积与当年年末总人口数的比值来表示城市总体空间，这两项数据均来自中经网数据库。

8.4.2　居住空间

和空间变量一样，居住空间变量也是选用人均值来表示，即用人均居住用地面积来衡量城市的居住空间大小。我们预期在其他变量不变的情况下，人均居住面积越大，城市的居住空间越大，空气质量也就越好。我们用各城市2003—2012年居住用地面积与当年年末总人口数的比值来表示城市居住空间的大小，其值等于居住密度的倒数，故居住空间越大，居住密度越小，城市的居住空间压力也就越小，所以城市居住空间对包括空气质量在内的环境压力应该也会越小，其对空气质量有正效应。由于居住用地面积的数据只能得到 2006—2011 年这六年的数据，数据完整性较差，没有数据的年份我们按照缺省值对待，并且在回归时选择正交离差变换法回归方法进行回归。

8.4.3　绿地空间

参考城市居住空间变量的构造方法，为了考察城市绿地密度对空气质量的影响，我们构造了绿地空间变量，用人均绿化覆盖面积指标来代表，其值等于 2003—2012 年各城市的建成区绿化覆盖面积与当年年末总人口数的比值。按照人口密度的算法，绿地密度就等于总人口除以建成区绿化覆盖面积，那么绿地空间就是绿地密度的倒数：绿地空间越大，绿地密度越小，城市的环境压力也越小，城市空气质量越好；绿地空间越小，绿地密度越大，城市的环境压力也越大，城市空气质量越差。

8.4.4　道路空间

我们用人均道路面积来代表城市的道路空间，用以反映城市的通畅程度与环境空气质量的关系。在中经网数据库中，可以直接得到人均道路面积的数据，因此我们可以直接将其作为道路空间的代理变量使用。

表 8-1 和表 8-2 分别是上述变量的说明、来源及描述性统计。

表 8-1　变量说明与数据来源

变量名称及标识	指标（单位）	数据来源
总体空间（urbanspa）	人均建成区土地面积（平方公里 / 万人）	中经网数据库
道路空间（traffspa）	人均道路面积（平方米 / 人）	中经网数据库
居住空间（livingspa）	人均居住用地面积（平方公里 / 万人）	中国经济与社会发展统计数据库
绿地空间（greenspa）	人均建成区绿化覆盖面积（公顷 / 万人）	中经网数据库

表 8-2 变量的描述性统计

变量标识	均值	标准差	最小值	最大值	观测数	假设预期
urbanspa	0.88	0.28	0.27	1.72	298	正向
traffspa	10.35	3.85	3.11	21.85	298	不确定
livingspa	0.28	0.13	0.09	0.89	289	正向
greenspa	32.49	11.83	3.85	91.95	297	正向

8.5 实证结果及其分析

和上一章一样，表 8-3 的"基准模型动态 GMM（1）"列还是动态基准模型的回归结果。在引入变量时，我们先选择对空气质量有最直接影响的变量 greenspa，即在动态 EKC 模型的基础上首先考虑绿地空间对空气质量的影响。按照"拓展模型动态 GMM（2）"列回归结果来看，绿地空间对空气质量有负效应，其系数的绝对值约为 0.082，表示人均建成区绿化覆盖率每增加 1%，空气质量就恶化约 0.08%。这和我们的预期不太相符，根据生活常识来说，人均绿地面积越多，说明城市的绿化程度越高，空气质量应该得到改善。但出现这种超出预期的结果也可以接受，这是因为我们的预期只出现在其他变量保持不变的情形下，一旦其他因素也同时发生着变化，如工业化生产释放的污染气体在同时期有明显增加，那么人均绿化覆盖面积增加并不一定会带来空气质量的好转。

"拓展模型动态 GMM（3）"列是在上述拓展模型基础之上，引入居住空间变量。观察表 8-3 可知，居住空间对空气质量的影响显著为负，其绝对值约为 0.037，表示居住空间越大，则空气质量越差，且居住空间每增加 1%，空气质量就恶化约 0.037%。居住空间越大，也就是人均居住用地面积越大，从变量构造来看，一方面是因为人口减少，一方面是居住用地面积增大。简单地看，这两个方面的变化均不应该恶化空气质量，但从城市发展的实际情况来分析，出现这种情况的原因可能是：人口并没有减少而是增加了，从而使居住用地面积增加，虽然分子、分母的变化没有使人均居住用地面积减少，但人口的增加会带来其他一系列的变化，如整个城市的生活资料生产增多、工业产值增加，这些变化致使污染气体排放增多，当人均居住用地面积增大带来的正效应还不足以弥补同时发生的污染气体增多带来的负效应时，空气质量就在这相互作用下出现恶化。另外，我们可以发现，当居住空间变量和绿地空间变量同时引入模型时，绿地空间对空气质量的影响变为显著的正效应，说明要考察绿化行为对空气质量的作用，应结合其他因素一起考量，才能得到更切合实际的回归结果。

"拓展模型动态 GMM（4）"列是在上述回归模型基础上加入城市总体空间变量后的回归情况。在加入城市总体空间变量后，EKC 模型的曲线形状没有发生变化，前面加入的两个变量的符号和大小也均未发生太大变化，说明在模型中加入合适的几个变量后，各变量的回归结果趋于稳定。来看城市总体空间变量对空气质量的影响情况，该变量的系数为正，但不显著，说明人均建成区土地面积的增加对空气质量的影响不明显，不是影响空气质量变动的主要因素，但其微弱的作用是正向的，说明人均建成区土地面积的增加在一定程度上可以改善空气质量。

最后，"拓展模型动态 GMM（5）"列考察了道路空间变量的作用。道路空间变量的引入不改变 EKC 模型的曲线形状，也不改变其他几个变量的符号及其显著性，说明该变量在模型中是可以接受的。但道路空间变量在模型中的作用不显著，说明从选取的 30 个省会城市总体上来看，人均道路面积对空气质量的影响不是很重要。道路空间变量的系数为正且大小约为 0.0045，说明人均道路面积每增加 1%，空气质量就得到约 0.005% 的改善。

表 8-3   总体动态 GMM 回归估计结果

解释变量	基准模型 动态 GMM （1）	拓展模型 动态 GMM （2）	拓展模型 动态 GMM （3）	拓展模型 动态 GMM （4）	拓展模型 动态 GMM （5）
$\ln day_{(-1)}$	0.317763*** （0.0000）	0.258021*** （0.0000）	0.234786*** （0.0000）	0.224679*** （0.0000）	0.212899*** （0.0000）
$\ln ecoscale$	6.239506*** （0.0000）	6.078056*** （0.0000）	4.728710*** （0.0000）	4.353988*** （0.0005）	3.675798 （0.1073）
$\ln^2 ecoscale$	−0.956177*** （0.0000）	−0.996432*** （0.0000）	−0.773158*** （0.0000）	−0.716198*** （0.0003）	−0.612274* （0.0907）
$\ln^3 ecoscale$	0.049404*** （0.0000）	0.053663*** （0.0000）	0.042154*** （0.0000）	0.039262*** （0.0001）	0.033953* （0.0720）
$\ln greenspa$		−0.081906*** （0.0000）	0.101114*** （0.0000）	0.099943*** （0.0000）	0.104938*** （0.0000）
$\ln livingspa$			−0.037189*** （0.0000）	−0.038104*** （0.0000）	−0.035864*** （0.0051）
$\ln urbanspa$				0.014858 （0.3587）	0.012676 （0.7163）
$\ln traffspa$					0.004488 （0.7759）
J−statistic	26.09837	25.98132	23.60003	23.16240	22.00654
Sargan	0.457708	0.408596	0.484649	0.451321	0.459498
样本量	240	237	227	227	226
形状	N 形	N 形	N 形	N 形	N 形
对应 EKC 模型的曲线 形状	倒 N 形	倒 N 形	倒 N 形	倒 N 形	倒 N 形

注：*、*** 分别表示在 10%、1% 的显著性水平上显著；括号内为 p 值。

观察上述五列的 J 统计量和 Sargan 检验，发现各模型均未产生过度识别问题，工具变量选择合适，各模型均设定正确。在此基础上，为了进一步深入研究城市空间对空气质量的影响问题，我们对数据进行分组分析。为了考量总体和分组情况的不同，我们在上述四个变量中选择一个显著的负效应指标——人均居住用地面积，和一个不显著的正效应指标——人均道路面积，并且以这两个指标在 2012 年的平均值为界限，将总体数据分为高于平均值和低于平均值两组，然后按照不同分组分别进行回归。表 8-4 所示为分组回归的城市划分方法。

表 8-4　分组回归的城市划分方法

划分对象	指标	划分依据	分组	城市个数
城市空间	道路空间	2012 年人均道路面积	高于平均值	15
			低于平均值	15
	居住空间	2012 年人均居住用地面积	高于平均值	10
			低于平均值	20

注：对 2012 年数据缺失的城市，用前三年数据的平均值代替。

下面我们对这四个分组数据分别按照模型（5）进行动态回归，回归结果如表 8-5 所示。

表 8-5　城市分不同空间动态 GMM 回归估计结果

解释变量	道路空间		居住空间	
	高于期末平均值	低于期末平均值	高于期末平均值	低于期末平均值
ln day $_{(-1)}$	0.156839[***] （0.0000）	0.252715[***] （0.0000）	0.063023[**] （0.0175）	0.397888[***] （0.0026）
ln ecoscale	1.635443[***] （0.0085）	2.132368[***] （0.0053）	3.534907[***] （0.0010）	−8.593987 （0.2700）
ln^2 ecoscale	−0.282225[***] （0.0036）	−0.338413[***] （0.0028）	−0.607241[***] （0.0010）	1.147446 （0.3075）

续表

解释变量	道路空间		居住空间	
	高于期末平均值	低于期末平均值	高于期末平均值	低于期末平均值
$\ln^3 ecoscale$	0.015233***	0.018981***	0.036063***	−0.049909
	（0.0020）	（0.0007）	（0.0006）	（0.3548）
ln greenspa	0.007983	0.074783***	0.013811	0.107252***
	（0.5095）	（0.0000）	（0.3127）	（0.0005）
ln livingspa	−0.013270*	−0.017351*	−0.006219	−0.083110*
	（0.0877）	（0.0651）	（0.4936）	（0.0712）
ln urbanspa	0.124166***	0.007284	0.074611***	0.056692
	（0.0000）	（0.3401）	（0.0001）	（0.4557）
ln traffspa	0.026179***	0.050350***	−0.037638**	−0.043128
	（0.0000）	（0.0000）	（0.0134）	（0.1845）
J-statistic	44.12069	61.12005	40.81512	27.60231
Sargan	0.925448	0.435484	0.759429	0.485664
样本量	116	110	73	153
形状	N 形	N 形	N 形	倒 N 形
对应 EKC 模型的曲线形状	倒 N 形	倒 N 形	倒 N 形	N 形

注：*、**、*** 分别表示在 10%、5%、1% 的显著性水平上显著；括号内为 p 值。

按行来观察，第一行显示被解释变量的一阶滞后项均在 1% 的水平上显著地影响着被解释变量，说明 EKC 模型的动态特征在分组数据中仍然存在且很明显。第二、三、四行显示了各组数据的 EKC 模型的曲线形状，除了居住空间低于平均值组的城市之外，其他三组城市的 EKC 模型的曲线形状均与总体相同，为倒 N 形；居住空间低于平均值组的城市，其 EKC 模型的曲线形状为 N 形。居住空间低在一定程度上意味着人口密度高，在这类城市，空气质量先随经济规模的增加而恶化，再随经济规模的增加而变好，经济增长到某种水平后，再随着经济规模的增加而恶化。也就是说，居住空间低的城市在经济发展的初期、中期和后期，分别经历了环境空气质量恶化、改善、再恶化的过程。这和高人口密度的大城市的发展过程也是相吻合的。在经济发展初期，城市经济发展模式相对粗放，因此环境空气质量会恶化；在经济发展中期，城市的企业会倾向选择清洁生产方式以达到较为严格的环境治理标准；在经济发展后期，城市的环境承载能力已经超负荷，经济发展已经对环境空气质量带来了负效应，等待下一阶段城市经济发展方式的转型才能带来环境空气质量的改善。

第五行是各组数据对绿地空间的回归情况，道路空间较通畅的城市组和居住空间较宽敞的城市组的回归系数均不显著。也就是说，对这两组城市来说，绿地空间对环境空气质量的改善作用不明显。这是因为，道路空间较通畅的城市组和居住空间较宽敞的城市组多半为城市规模较小、经济发展程度较低的城市，其原有的环境空气质量较好，拥有的绿地也较多，因此，城市的绿地面积增加对这两组城市而言，边际效果已不太明显。就这两组数据的系数绝对值而言，道路空间较通畅的城市组约为0.008，居住空间较宽敞的城市组约为0.01，也就是说比起居住空间较宽敞的城市组来说，道路空间较通畅的城市组的边际效用更低。这是因为居住空间的宽敞有时可以通过增加楼层高度和楼层数来增加，而这样的方法并不能使城市具有较高的环境空气质量，因此，其边际效用相较道路空间较通畅的城市组可能会高一点。

道路空间较拥堵的城市组和居住空间较拥挤的城市组的回归系数均在1%的水平上显著，说明对于道路空间和居住空间比较拥挤的城市来说，绿地空间对环境空气质量的改善作用非常明显。这也说明，拥挤的大城市更需要通过增加绿地空间来缓解空气污染带来的压力。

上述四组城市，无论是道路空间通畅与否，也无论是居住空间宽敞与否，四组数据的回归结果均为正，说明绿地空间在各分组中基于模型（5）的回归结果均为正效应，这和第五章中绿地规模的回归结果是一致的，城市的绿地建设终究对环境空气质量有改善作用，这也符合常理。但这四组城市中，绿地空间所发挥的正效应大小不一，观察其值是在 0.008 ~ 0.1，这种差异是和我们谈到的边际效应有关。

第六行考察了上述四组城市的居住空间对环境空气质量的影响情况，从表 8-5 中可见，居住空间对空气质量的影响是负向的，这和总体回归结果一致，说明在城市居住空间增加的同时，人口和企业向能够提供更多住房的城市大量涌入带来的负环境外部性，掩盖了单纯地增加居住空间所带来的正环境外部性，因此居住空间的增加使环境空气质量出现了恶化。道路空间较通畅的城市组、道路空间较拥堵的城市组和居住空间较拥挤的城市组三组城市的居住空间对环境空气质量的影响均在 10% 的水平上显著，而在居住空间较宽敞的城市组，居住空间对环境空气质量的影响并不显著。这里我们又看到了边际效应的效果，居住空间较宽敞的城市多为中小城市，其人口密度不高、居住密度低，城市居民在居住面积方面并不觉得拥挤，有些城市有可能还有闲置的住宅面积，因此，在这些城市，居住空间增加的边际效应已经很不明显。

从这四组城市的系数绝对值来看，道路空间较通畅的城市组、道路空间较拥堵的城市组、居住空间较宽敞的城市组和居住空间较拥挤的城市组的居住空间系数绝对值分别约为 0.01、0.02、0.006、0.08。从绝对值上可以观察到，道路空间较通畅的城市组和道路空间较拥堵的城市组两组数据和分组指标——居住空间——不相关，因此其回归结果和总体相差不大，总体中居住空间变量的回归结果约为 0.04，而这两组城市的回归结果约为 0.01、0.02。居住空间较宽敞的城市组和居住空间较拥挤的城市组两组数据和分组指标——居住空间——相关，因此，我们可以观察出居住空间变量的边际环境效应，即居住空间较宽敞的城市组的居住空间每增加 1%，环境空气质量就改善约 0.006%；而居住空间较拥挤的城市组的居住空间每增加 1%，环境空气质量就改善约 0.08%。

第七行为城市总体空间对环境空气质量的影响在分组城市的回归效果。可见，在道路空间较通畅的城市和居住空间较宽敞的城市，城市总体空间的扩展对环境空气质量的影响比较显著，两个分组的回归结果均在 1% 的水平上显著；而在道路空间较拥堵的城市和居住空间较拥挤的城市，城市总体空间的扩展对环境空气质量的影响均不显著。或许这是因为：

一方面，道路空间较通畅的城市和居住空间较宽敞的城市大多为中小城市，当其人均建成区土地面积增加时，如果是因为人口迁出，则城市生活污染气体排放源减少，从而使环境空气质量得到改善；如果是因为建成区面积拓宽，则由于中小城市对企业和居民的吸引力较弱，新增的建成区面积范围内环境的自净能力完全可以吸纳吸引来的企业和居民所产生的污染气体排放量。也就是说，中小城市的总体空间增加会给城市带来正的环境效应，有助于改善空气质量。

另一方面，道路空间较拥堵的城市和居住空间较拥挤的城市大多为大城市、特大城市，当其人均建成区土地面积增加时，最有可能出现的情况是城市建成区面积的拓宽，而不是人口的减少。为什么大城市、特大城市的建成区面积拓宽却不能带来正的环境效应？或许是因为，大城市的建成区面积拓宽后，由于其较强的招商引资能力和对外来人口的吸引力，其他地区的企业和居民由于有新的土地供他们生产和生活，从而纷纷进入该城市。但由于这种企业和人口的迁入量太大，其所带来的环境负外部效应远远超过了城市新增土地上的环境自净能力，或者说是超过了城市新增土地面积所带来的环境正外部效应，因此，道路空间较拥堵的城市和居住空间较拥挤的城市的总体空间增加，在整体上却得到环境空气质量恶化的结果。

第八行是城市交通空间对环境空气质量影响的回归结果，从系数的绝对值来看，各组系数绝对值大约在 0.04 上下浮动。也就是说，无论城市交通空间对环境空气质量有正向或负向的影响，与其他因素相比，道路空间对环境空气质量影响作用的弹性大小比较稳定，其弹性均在 0.04 左右，即城市交通空间每变化 1%，环境空气质量就变化约 0.04%。但从系数的符号来看，道路空间较拥堵的城市组、道路空间较通畅的城市组这两个分组城市的道路空间对环境空气质量的改善有促进作用，且两组城市的影响弹性分别为 0.026 和 0.050，即两组城市的道路空间每增加 1%，其环境空气质量分别发生约 0.026% 和 0.05% 的改善；居住空间较宽敞的城市组、居住空间较拥挤的城市组这两个分组城市的道路空间对环境空气质量有负的环境效应，且影响弹性大约为 0.04，即这两组城市的道路空间每增加 1%，其环境空气质量恶化约 0.04%。从显著性上来看，除了居住空间较拥挤的城市组外，其他三组城市道路空间对环境空气质量的影响作用分别在 1% 或 5% 的水平上显著。

综上所述，城市经济发展过程中的空间因素的确对环境空气质量产生了重要影响，尤其是城市的绿地空间和居住空间在城市总体中的影响比较显著。在分组城市中，城市空间因素的绿地空间、居住空间、总体空间和道路空间等方面对环境空气质量的作用方向、作用程度及显著性均有差异，这也印证了我们研究城市空间异质性因素对城市经济发展与环境空气质量关系的影响作用的必要性。

8.6　本 章 小 结

本章探究了城市空间因素对环境空气质量的影响情况，首先从我国省会城市总体角度对这种影响进行了实证检验，并将城市空间因素细化为居住空间、绿地空间、总体空间和交通空间四个方面，在总体实证检验的过程中，将空间因素的各方面逐步依次加入动态 EKC 模型，观察各个空间因素对环境空气质量影响的显著性和作用方向及程度。研究发现，在四个空间因素中，居住空间和绿地空间对环境空气质量有着显著的影响，而总体空间和道路空间对环境空气质量的影响作用并不显著。并且，绿地空间的增加会在一定程度上改善环境空气质量，居住空间的增加将使环境空气质量出现恶化，城市总体空间和道路空间的拓展对环境空气质量的改善起到了促进作用。

其次，为了研究城市经济发展在空间方面的异质性对环境空气质量造成的差异，我们对城市进行了分组，将其分别按照居住空间大小和道路空间大小分为居住空间较宽敞的城市组、居住空间较拥挤的城市组和道路空间较拥堵的城市组、道路空间较通畅的城市组。实证研究发现，对分组城市的回归结果确实和总体回归结果有差异，这说明我们的分组研究是有必要的。具体来看，与总体相同的是，绿地空间在各分组中回归结果均为正效应，居住空间对环境空气质量的影响是负向的，总体空间对环境空气质量的影响是正向的，但道路空间对环境空气质量的影响却在不同分组中出现了不同结果，其中，居住空间较宽敞的城市组、居住空间较拥挤的城市组的回归结果与总体相同，而道路空间较拥堵的城市组、道路空间较通畅的城市组的回归结果与总体相反。

　　总之，本章研究的结论表明，城市经济发展中的空间因素对环境空气质量的影响不容忽视，并且，各个省会城市在城市空间因素不同方面存在的异质性会对城市经济发展和环境空气质量的影响造成差异。从现实中我们可以看到，各个省会城市在城市总体面积的扩张方面，在居住空间、工业空间和绿地空间的合理布局方面，以及城市交通的布局与拓展方面都会选择适合自身发展的空间发展策略，实现各自城市经济与环境空气质量的协调发展。从相应的政策实施情况来看，本章的研究结论可以很好地印证这些政策的合理性，并能够为尚未实行相应政策的城市提供可借鉴的思路。

第九章 研究结论及政策建议

9.1 主要结论

近年来，随着城市化进程的不断推进，我国城市环境问题日益严重，其中空气质量的恶化备受关注。因此，学者们对城市环境经济问题展开了较为充分的研究，但以往研究主要集中在省域层面，对于城市层面环境经济问题的研究尚且不足。另外，具体到城市经济发展的各个方面，如城市规模问题、城市集聚问题、城市结构问题和城市空间问题等，学者们只从其中一个方面展开相关研究，鲜有学者将这四个方面综合考虑来探讨城市经济发展问题，进一步探讨其与环境质量之间关系的研究更是少之甚少。因此，本书选择以环境空气质量作为切入点，以我国省会城市为主要研究对象，来研究城市经济发展中所涉及的城市规模、城市集聚、城市结构和城市空间等因素对环境空气质量的影响，并进一步分析省会城市在规模、集聚、结构和空间方面的异质性如何对这种影响造成了差异。本书的研究结论归纳如下。

第一，我国省会城市经济发展对环境空气质量的影响表现出动态特征。本书使用EKC模型从总体上对城市经济发展与环境空气质量的关系进行了静态和动态检验，检验结果发现，省会城市总体上的静态EKC模型回归结果不显著，但其动态回归结果却很显著，说明动态EKC模型可以作为本书实证研究的基准模型。另外，本书将省会城市分为东部、中部和西部三组城市分别进行静态回归和动态回归，在分区域回归的结果中，也是动态回归效果要比静态回归效果更对现实具有说服力。

第二，我国省会城市在城市规模、城市集聚、城市结构和城市空间方面的异质性确实影响着城市经济发展对环境空气质量的作用。在静态EKC

模型和动态 EKC 模型的存在性检验基础上，简要分析城市经济发展的四个异质性要素——城市规模、城市集聚、城市结构和城市空间对环境空气质量的总体影响情况和分区域影响情况发现，城市经济发展的规模因素始终是对空气质量影响较为显著的因素，集聚因素的影响方向一直是正向的，结构因素是对空气质量影响最为微小和不显著的变量，空间因素对空气质量的影响弹性大小在总体、东部、中部和西部均不相同。

第三，我国省会城市的规模扩张和集聚程度的提高显著地影响着城市环境空气质量，并且在具有异质性的省会城市之间影响的方向和程度均有差异。本书研究了城市经济发展的规模因素对环境空气质量的影响，在对城市规模因素中经济规模、人口规模、绿化规模、用地规模和资本规模这五个变量对环境空气质量的影响进行理论分析的基础上，就省会城市总体城市规模因素对环境空气质量的影响进行了实证检验，结果显示城市人口规模的扩大对其空气质量的改善不利，应当对城市人口规模的扩张加以限制，用地规模的扩张对空气质量不仅没有起到稀释、疏通的作用，反而使空气质量恶化，资本规模的增加导致空气质量恶化，说明我国城市的固定资产投资结构还不甚合理。从经济规模来看，较富裕的城市和较不富裕的城市都表现出人口规模对空气质量的负向作用和绿化规模对空气质量的正向作用，用地规模对空气质量的影响在较富裕的城市和较不富裕的城市是有差异的，从资本规模对空气质量的影响来看，在较富裕城市和较不富裕城市也存在差异。从人口规模来看，人口规模的扩大不利于城市空气质量的改善，绿化规模对空气质量的影响在大中城市的作用要比在特大城市更显著，用地规模对环境空气质量的影响在大中城市比在特大城市明显，资本规模的扩大对特大城市空气质量的改善作用要小于大中城市，其原因可以用边际效应理论、投资结构和方向等进行解释。在城市经济发展的集聚因素对环境空气质量影响的实证结果中，我们看到，用经济集聚度指标构造的 EKC 模型在总体上表现为较明显的动态特征。具体来看，人口集聚度越高，其对城市造成的环境压力越大，产业集聚对空气质量有明显的改善作用，因此在进行具有改善作用的产业集聚活动时必须注意对人口集聚度的控制，否则，一旦人口集聚带来的负效应抵消甚至超过产业集聚带来的正效应时，城市整体福利将会下降；资本集聚度的提高会带来城市空气质量的改善。

第四，我国省会城市经济发展中的结构变迁和空间扩展对环境空气质量的改变具有不可忽视的作用，且省会城市在结构、空间方面的异质性也影响着这种作用的程度。城市人口结构、空间结构、产业结构和投资结构的变动对环境空气质量的动态回归结果显示，人口结构、产业结构这两个城市结构因素对环境空气质量有动态的正向影响效应，而空间结构和投资结构这两个因素对环境空气质量有负向的动态影响效应。城市空间要素中的居住空间和绿地空间对环境空气质量有着显著的影响，而总体空间和道路空间对环境空气质量的影响作用并不显著。并且，绿地空间的增加会在一定程度上改善环境空气质量，居住空间的增加将使环境空气质量出现恶化，城市总体空间和道路空间的拓展对环境空气质量的改善起到了促进作用。其中，分组回归结果中与总体相同的是，绿地空间和总体空间对环境空气质量的影响也是正向的，居住空间对环境空气质量的影响是负向的，道路空间对环境空气质量的影响在不同分组中出现了不同结果，这说明各个省会城市在城市空间因素不同方面存在的异质性会对城市经济发展对环境空气质量的影响造成差异。

综合以上研究结论，本书认为我国省会城市经济发展对环境空气质量的作用方向及作用程度受城市规模扩张、城市集聚程度、城市结构变迁以及城市空间扩展等因素的影响，并且由于省会城市之间存在规模、集聚、结构和空间上的异质性，从而使得各城市对环境空气质量的影响也存在显著差异。因而，我们在发展城市经济的同时，应当注重城市在规模、集聚、结构和空间方面对环境空气质量的影响差异，努力实现因地制宜地解决经济与环境的可持续协调发展问题。

9.2 政策建议

本书的研究结论表明，人口规模的扩大不利于城市空气质量的改善，因此城市尤其是超大城市的城市规模扩张必须有所控制，否则会因为城市环境承载能力的超负荷，而给城市发展带来严重的环境负外部性。总体来说，城市的绿化建设对环境空气质量的作用是正向的，只是部分城市的绿化建设不足以吸纳城市空气污染物的排放。环保投资对环境空气质量的影响是正向的，但各省会城市的环保投资力度还很不足。人口的过度集中和大量的工业化生产活动均会恶化环境空气质量，虽然产业集聚对改善环境空气质量有促进作用，但也应当控制伴随产业集聚而来的人口的过度集中和工业生产的低环境效率。因此，为了使城市规模、集聚、结构和空间等城市经济发展的各个方面对环境空气质量的改善起到积极的作用，努力实现城市经济发展与环境空气质量的双赢，本书提出以下政策建议。

9.2.1　实现城市规模的适度扩张和城市空间的合理布局

第一，在城市规模扩张的大趋势下，应当鼓励中小城市的适度扩张，以刺激中小城市经济发展带来的人民生活水平的提高，且由于中小城市的环境承载能力还没有达到饱和，因此适度的规模扩张是有助于中小城市经济发展的。而对于大城市、特大城市而言，合理控制人口规模、控制城市的蔓延，有助于避免大城市出现城市环境严重恶化、生态环境遭到破坏、城市住宅和交通拥挤等"大城市病"现象。

第二，在城市用地规模增加的同时，应当合理安排新增用地上的居住用地、工业用地、绿地建设、交通等功能区域的合理布局，才会减少不合理布局带来的环境负外部性，从而使城市用地规模的增加对环境空气质量起到正面作用。另外，城市绿化建设中可以利用广泛的民间资本对城市绿化建设进行企业化管理，从而使城市绿地最大限度地发挥其对城市污染气体的吸纳能力。

9.2.2　实现人口集聚和产业集聚的稳步推进

城市人口和企业的过度集中，将对城市环境空气质量带来巨大压力，在我们研究集聚因素对环境空气质量的影响时发现，虽然产业集聚度的提高对环境空气质量的影响是正向的，但人口的集中却对环境空气质量有着负面的影响。因而，在省会城市的产业发展和人口流动方面，需要做两方面的努力。

第一，政策制定者们在不断追求高产业集聚度与高人口集聚度的同时，应当提高人口素质、提升公众的环保意识，从而减轻伴随高产业集聚度和高人口集聚度而来的空气质量恶化程度，使高产业集聚度与高人口集聚度的城市实现最优的集聚经济效应，并促进空气质量的不断改善。

第二，积极促进城市周边区域的经济发展，缩小城市郊区、周边县市等与城市中心的经济发展水平差距和贫富差距，实现城市中心与周边地区的协调发展，以提高周边区域的人民生活水平，从而避免人口在城市中心过分聚集而给城市中心带来巨大的环境压力。

9.2.3　实现城市环保投资资金的合理化运用

目前，我国大部分城市仍处于环境承载力的严重超载阶段，环境质量的改善成为我国环境保护工作的核心。本书在探讨投资结构对环境空气质量的影响时发现，环保投资比重的提高对环境质量起到了改善的作用。因而，在环境质量改善工作的资金问题上应当从加强环境环保投资比重入手，并将其从两个方面进行利用。

第一，环保投资资金用以治理已经造成的环境污染。也就是说，环境保护投资资金一部分用来治理环境中已排放的污染物，并且，应当在环境治理措施上采取多样化的治理手段和治理模式，争取在环境污染物排放达到峰值以后，能够使生态环境得以最大限度的恢复。另外，由于政府的环保投资行为具有带动作用，因此可以通过增加政府的环保投资带动企业和民间的环保投资进入环保领域，从而提高环境保护的资金保障。为了从根本上解决环境污染问题，应当注重从根源上减少污染物排放，而不是造成污染后再进行治理，因此，在环保投资方向上应当适当提高工业污染源治理投资的比重，以便从根本上治理环境污染。

第二，环保投资资金用于防范还没有发生的环境污染问题。具体来说，就是用来建立绿色金融体系，探索建立环境银行，使得政府和民间的环境保护投资在促进环保产业发展、开发清洁能源等有利于环境保护的投资领域有效地运转，实现环保投资资金的高效利用。另外，通过建立健全价格机制和税费机制、建立民间资本在环境保护领域的回报机制，吸引第三方治理主体加入环境污染治理的行列中来，从而保证环境保护工作的资金支持。

9.2.4　积极促进产业结构升级

不论是从现实情况还是从本书的研究结论来看，我国大部分省会城市产业结构不甚合理，产业结构中第二产业产值比重的增加会加重环境空气质量的恶化，工业污染源也成为造成空气质量恶化的重要原因之一。另外，非农业人口比重的增加也会恶化环境空气质量，也就是说非农业人口比重虽然增加，但其环保意识还有待提高。因此，在产业结构和人口结构方面我们需要做到以下两点。

第一，省会城市政府部门在追求城市经济总量增长的同时，应该采取一定的政策和经济手段，对企业在产业结构升级、产业转型等方面积极地鼓励和约束，使产业结构更趋于合理，在不减少经济总量的同时，削减工业化生产所带来的环境污染物排放，使环境空气质量不至更加恶化甚至得到改善。

第二，积极发展节能环保产业、生态服务产业和低碳产业为支柱产业，使其发展壮大成为城市新的经济增长点，并对传统产业本着低碳和循环的原则进行改造，从而提高单位环境资源的产出比，以实现生产总值的绿色增长。

9.2.5　在城市环境保护方面政府应当发挥积极作用

城市经济发展过程中涉及的人口流动政策、产业结构政策和环境保护政策等都需要政府的统筹制定和实施才能完成，因此，在城市环境与经济的均衡发展方面，政府也应当发挥积极作用。

第一，政府应当对空气污染物排放进行总量控制，鼓励企业使用清洁能源，提高能源资源的利用效率，扶持环保产业的发展，从而在总体上改善环境空气质量。

第二，积极建立健全排污权交易制度、资源环境税制及排污费制度等，使环境经济手段通过市场机制对企业排污起到有效的遏制作用。

第三，政府应倡导低碳消费的理念，注重发展绿色生产总值，提高企业和居民在生产和生活上的环保意识，以实现节能减排，从而改善空气质量的效果。

第四，省会城市间的政府部门应当加强合作，实现区域环境空气质量在整体上的改善。由于空气污染物在区域内会发生扩散，因此各省会城市尤其是处于区域性污染比较严重的城市群应当深化联防联控工作，为应对突发的雾霾天气建立应急机制，加强空气质量监测中心的预测预报能力，使空气污染带来的经济损失和居民的健康损失降到最低。

第五，减少移动源的污染排放量，在控制污染源方面，积极推进供给侧结构性改革，如增加道路供给、增加停车位等以使城市公共交通体系得到不断完善，征收拥堵费，实行车辆的单双号限行，从而通过减少道路车辆来达到空气质量的改善。

9.3　研究展望

我国环境空气质量的状况不容乐观，"十三五"规划纲要将环境质量的改善作为重点工作之一，因此，研究城市经济发展对环境空气质量的影响作用具有现实意义。本书试图从城市规模、城市集聚、城市结构和城市空间这四个方面的变化入手，来分析城市经济的动态发展对环境空气质量的影响情况。尽管本书作者在研读大量文献和收集重要数据的前提下做了一些理论和实证的分析，并且得出了具有一定参考意义的结论，但由于研究时间和本人能力有限，还存在着不足，主要表现在以下几点。

第一，本书只从动态影响入手，没有尝试使用空间分析方法来分析问题。在前文中我们已经提到，城市经济学最大的特点是"空间"概念，虽然我们在文中专门分析了城市空间对环境空气质量的影响情况，其中只涉及城市内部空间的一些空间因素，但没有用空间计量学方法对城市间空间进行研究，这也和我们的研究对象有关系，省会城市之间的空间距离大多比较远，在地理上呈点状分布，空气质量虽有扩散，但在远距离上空间之间的影响作用比较小，因此没有用更细致的空间经济学方法分析。但如果后来的学者使用更密集的地级市城市数据进行分析，则需要考虑用空间经济学方法将城市间空间也纳入分析框架中来。

第二，在分别分析城市规模、集聚、结构与空间因素对环境空气质量的影响时，对影响机理的分析不够透彻深入。在第五章到第八章的理论分析中，我们只从本书涉及的具体指标出发探讨了各个因素对环境空气质量的影响路径，但是这种分析可能不够严谨，也不够上升到经济理论的层面，在以后的研究中，应当使用更严谨更缜密的数理分析方法对这些影响机理进行分析，以经济理论分析为基础建立具体的实证模型，得出的结论可能更合理也更具有说服力。

第三，为了分析各省会城市在规模、集聚、结构和空间这四个方面的异质性对环境空气质量的影响，我们对省会城市按照四个不同的方面、八个不同的指标进行了分组，并进行分组分析。但是，可能这种分组分析方法还是不够科学和恰当，在分析各因素交互的作用时，分析得不够到位和准确。因此，在后面的研究中，或许可以在深入研究机理的基础上，在模型中加入交互项用以分析各因素变量间的交叉影响，且选取更恰当分组方法进行分组，得出的结论或许更加合理。

第四，关于城市在规模、集聚、结构和空间等方面的异质性对环境中水质、土质等的研究也属于城市经济发展对环境质量影响的范畴，但鉴于本书篇幅和研究时间的限制，本书只以空气质量为例进行了研究，笔者将在以后的研究中收集环境质量其他方面的数据以便使本书的研究得到充实与丰富。

参 考 文 献

毕琳，2005.我国城市化发展研究 [D].哈尔滨：哈尔滨工程大学.

崔功豪，2004.区域分析与规划 [M].北京：高等教育出版社.

丁焕峰，李佩仪，2010.中国区域污染影响因素：基于 EKC 曲线的面板数据分析 [J].中国人口·资源与环境，20（10）：117-122.

豆建民，张可，2015.空间依赖性、经济集聚与城市环境污染 [J].经济管理，37（10）：12-21.

符淼，2008.我国环境库兹涅茨曲线：形态、拐点和影响因素 [J].数量经济技术经济研究（11）：40-55.

付云鹏，马树才，宋琪，2015.人口规模、结构对环境的影响效应：基于中国省际面板数据的实证研究 [J].生态经济（3）：14-18，30.

葛莹，姚士谋，蒲英霞，等，2005.运用空间自相关分析集聚经济类型的地理格局 [J].人文地理，20（3）：21-25.

顾朝林，甄峰，张京祥，2000.集聚与扩散：城市空间结构新论 [M].南京：东南大学出版社.

韩楠，于维洋，2015.中国产业结构对环境污染影响的计量分析 [J].统计与决策（20）：133-136.

何盛明，刘西乾，沈云，1990.财经大辞典 [M].北京：中国财政经济出版社.

胡际权，2005.中国新型城镇化发展研究 [D].重庆：西南农业大学.

黄清子，张立，王振振，2016.丝绸之路经济带环保投资效应研究 [J].中国人口.资源与环境，26（3）：89-99.

黄勇，2004.城市规模发展的实证分析 [D].武汉：武汉大学.

蒋洪强，张静，王金南，等，2012.中国快速城镇化的边际环境污染效应变化实证分析 [J].生态环境学报，21（02）：293-297.

李楠，邵凯，王前进，2011.中国人口结构对碳排放量影响研究 [J].中国人口·资源与环境，21（06）：19-23.

李强，2011. 基于不同城市规模的低碳产业集聚效应研究 [J]. 中国经济问题（2）：29-37.

李树，陈刚，2013. 环境管制与生产率增长：以 APPCL2000 的修订为例 [J]. 经济研究，38（1）：17-31.

刘静玉，2006. 当代城市化背景下的中原城市群经济整合研究 [D]. 开封：河南大学.

刘玲玲，周天勇，2006. 对城市规模理论的再认识 [J]. 经济经纬（1）：119-120.

刘树成，2005. 现代经济词典 [M]. 南京：凤凰出版社；江苏人民出版社.

刘天东，2007. 城际交通引导下的城市群空间组织研究 [D]. 长沙：中南大学.

刘习平，宋德勇，2013. 城市产业集聚对城市环境的影响 [J]. 城市问题（3）：9-15.

刘修岩，2010. 集聚经济、公共基础设施与劳动生产率：来自中国城市动态面板数据的证据 [J]. 财经研究（5）：91-101.

陆铭，冯皓，2014. 集聚与减排：城市规模差距影响工业污染强度的经验研究 [J]. 世界经济，37（7）：86-114.

逯元堂，王金南，吴舜泽，等，2010. 中国环保投资统计指标与方法分析 [J]. 中国人口·资源与环境（2）：96-99.

逯元堂，吴舜泽，陈鹏，等，2012. "十一五"环境保护投资评估 [J]. 中国人口·资源与环境，22（10）：43-47.

雒占福，2009. 基于精明增长的城市空间扩展研究：以兰州市为例 [D]. 兰州：西北师范大学.

穆泉，张世秋，2015. 中国 2001—2013 年 $PM_{2.5}$ 重污染的历史变化与健康影响的经济损失评估 [J]. 北京大学学报（自然科学版）（4）：694-706.

饶会林，1985. 试论城市空间结构的经济意义 [J]. 中国社会科学（2）：49-58.

苏明，刘军民，张洁，2008. 促进环境保护的公共财政政策研究 [J]. 财政研究（07）：20-33.

陶燕，2009. 兰州市大气颗粒物理化特性及其对人群健康的影响 [D]. 兰州：兰州大学.

王芳，周兴，2013. 影响我国环境污染的人口因素研究：基于省际面板数据的实证分析 [J]. 南方人口（6）：8-18.

王国志，2007. 长春市城市化空间发展格局研究 [D]. 长春：东北师范大学.

王家庭，高珊珊，2011. 城市规模对城市环境的影响：基于我国 119 个城市 EKC 曲线的实证研究 [J]. 学习与实践（12）：18–25.

王开泳，王淑婧，薛佩华，2004. 城市空间结构演变的空间过程和动力因子分析 [J]. 云南地理环境研究（04）：65–69.

王敏，黄滢，2015. 中国的环境污染与经济增长 [J]. 经济学（季刊），14（2）：557–578.

王韶华，于维洋，张伟，2014. 技术进步、环保投资和出口结构对中国产业结构低碳化的影响分析 [J]. 资源科学，36（12）：2500–2507.

王先芝，2006. 东北地区城市空间组织研究 [D]. 长春：东北师范大学.

王兴杰，谢高地，岳书平，2015. 经济增长和人口集聚对城市环境空气质量的影响及区域分异：以第一阶段实施新空气质量标准的 74 个城市为例 [J]. 经济地理（2）：71–76，91.

王颖，2012. 东北地区区域城市空间重构机制与路径研究 [D]. 长春：东北师范大学.

邬沧萍，2006. 人口始终是我国经济持续增长中的一个重大问题 [J]. 人口研究（02）：2–9.

吴忠观，1997. 人口科学辞典 [M]. 成都：西南财经大学出版社.

武俊奎，2012. 城市规模、结构与碳排放 [D]. 上海：复旦大学.

肖周燕，2015. 中国人口空间聚集对生产和生活污染的影响差异 [J]. 中国人口·资源与环境，25（03）：128–134.

徐博，庞德良，2014. 增长与衰退：国际城市收缩问题研究及对中国的启示 [J]. 经济学家（4）：5–13.

许学强，周一星，宁越敏，1997. 城市地理学 [M]. 北京：高等教育出版社.

许正松，孔凡斌，2014. 经济发展水平、产业结构与环境污染：基于江西省的实证分析 [J]. 当代财经（8）：15–20.

闫兰玲，2013. 杭州市产业结构与环境污染间的灰色关联度分析研究 [J]. 环境科学与管理，38（10）：112–115，142.

闫庆武，卞正富，2009. 人口空间分布的异质性测量 [J]. 地理研究，28（4）：893–900.

严文，2011. 减灾的经济学分析 [D]. 成都：西南财经大学.

姚秋宾，2015.天津市城市绿化管理问题研究 [D].天津：天津师范大学.

余长坤,2015.交通运输对城市空间扩展的影响机理和实证研究：以郑州市为例 [D].杭州：浙江大学.

曾春水，2013.京津冀城市群城市规模等级与服务业发展差异 [D].北京：首都师范大学.

张换兆，郝寿义，2008.城市空间扩张与土地集约利用 [J].经济地理（3）：419-424.

张可，豆建民，2013.集聚对环境污染的作用机制研究 [J].中国人口科学（5）：105-116.

张可，汪东芳，2014.经济集聚与环境污染的交互影响及空间溢出 [J].中国工业经济（6）：70-82.

张喆，王金南，杨金田，等，2007.城市空气质量与经济发展的曲线估计研究 [J].环境与可持续发展（4）：36-38.

张子龙，逯承鹏，陈兴鹏，等，2015.中国城市环境绩效及其影响因素分析：基于超效率 DEA 模型和面板回归分析 [J].干旱区资源与环境（6）：1-7.

赵捧莲，2012.国际碳交易定价机制及中国碳排放权价格研究 [D].上海：华东师范大学.

赵文昌，2012.空气污染对城市居民的健康风险与经济损失的研究 [D].上海：上海交通大学.

郑思齐，霍燚，2010.低碳城市空间结构：从私家车出行角度的研究 [J].世界经济文汇（6）：50-65.

郑志侠，翟亚男，刘鹏，等，2013.安徽省"十一五"环境污染治理投资分析与思考 [J].安徽农业科学（4）：1674-1676，1681.

周春山，叶昌东，2013.中国特大城市空间增长特征及其原因分析 [J].地理学报，68（6）：728-738.

周璇，2014.产业区位商视角下环境污染与经济增长关系的研究 [D].北京：中国地质大学（北京）.

朱琳，2013.资源枯竭城市转型发展可持续评价：以贾汪为例 [D].徐州：中国矿业大学.

朱喜钢，2002.城市空间集中与分散论 [M].北京：中国建筑工业出版社.

邹晓东，2007.城市绿地系统的空气净化效应研究 [D].上海：上海交通大学.

佐佐木公明, 文世一, 2012. 城市经济学基础 [M]. 北京: 社会科学文献出版社.

BROWN M A, SOUTHWORTH F, 2008. Mitigating climate change through green buildings and smart growth[J]. Environment and Planning A, 40 (3): 653-675.

CAPELLO R, CAMAGNI R, 2000. Beyond optimal city size: an evaluation of alternative urban growth patterns[J]. Urban Studies, 37 (9): 1479-1496.

Chuku A, 2011. Economic development and environmental quality in Nigeria: is there an environmental Kuznets Curve? [R]. MPRA Paper, 2011.

CICCONE A, HALL R E, 1996. Productivity and the Density of Economic Activity[J]. The American Economic Review, 86 (1): 54-70.

DE LEEUW F A A M, MOUSSIOPOULOS N, SAHM P, et al, 2001. Urban air quality in larger conurbations in the European Union[J]. Environmental Modelling & Software, 16 (4): 399-414.

GLAESER E L, KAHN M E, 2010. The greenness of cities: Carbon dioxide emissions and urban development[J]. Journal of Urban Economics, 67 (3): 404-418.

GOTTDIENER M, BUDD L, 2005. Key concepts in urban studies[M]. London: SAGE Puldications Ltd.

HAMIT-HAGGAR M, 2012. Greenhouse gas emissions, energy consumption and economic growth: a panel cointegration analysis from Canadian industrial sector perspective[J]. Energy Economics, 34 (1): 358-364.

HENDERSON J V, 1974. The sizes and types of cities[J]. The American Economic Review, 64 (4): 640-656.

LIGMANN-ZIELINSKA A, CHURCH R, JANKOWSKI P, 2005. Sustainable urban land use allocation with spatial optimization[C]//Conference Proceedings: The 8th International Conference on Geocomputation: 1-3.

ORISHIMO I, 1982. Urbanization and environmental quality[M]. Dordrecht: Kluwer, 1982.

PORTER M E, 1998. Clusters and the new economics of competition.[J]. Harvard Business

Review，76（6）：77-90.

RICHARDSON H W，1972. Optimality in city size，systems of cities and urban policy：a sceptic's view[J]. Urban Studies，9（1）：29-48.

WANG M，WEBBER M，FINLAYSON B，et al，2008. Rural industries and water pollution in China[J]. Journal of Environmental Management，86（4）：648-659.